基本を学ぶ
電磁気学
Electromagnetics

新井宏之［著］

Ohmsha

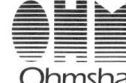

「基本を学ぶ」シリーズ 編集委員会

編集委員長　藤井信生（東京工業大学）
編集委員　　植松友彦（東京工業大学）
（五十音順）　関根かをり（明治大学）
　　　　　　西方正司（東京電機大学）
　　　　　　堀田正生（東京都市大学）
　　　　　　安田　彰（法政大学）
　　　　　　柳澤政生（早稲田大学）
　　　　　　渡部英二（芝浦工業大学）

本書を発行するにあたって，内容に誤りのないようできる限りの注意を払いましたが，本書の内容を適用した結果生じたこと，また，適用できなかった結果について，著者，出版社とも一切の責任を負いませんのでご了承ください．

本書は，「著作権法」によって，著作権等の権利が保護されている著作物です．本書の複製権・翻訳権・上映権・譲渡権・公衆送信権（送信可能化権を含む）は著作権者が保有しています．本書の全部または一部につき，無断で転載，複写複製，電子的装置への入力等をされると，著作権等の権利侵害となる場合があります．また，代行業者等の第三者によるスキャンやデジタル化は，たとえ個人や家庭内での利用であっても著作権法上認められておりませんので，ご注意ください．

本書の無断複写は，著作権法上の制限事項を除き，禁じられています．本書の複写複製を希望される場合は，そのつど事前に下記へ連絡して許諾を得てください．

(社)出版者著作権管理機構
（電話 03-3513-6969，FAX 03-3513-6979, e-mail: info@jcopy.or.jp）

JCOPY ＜(社)出版者著作権管理機構　委託出版物＞

発行にあたって

　「よくわかる」を枕詞（まくらことば）とした電気・電子工学課程セメスタ学習シリーズは，発刊以来十数年を経過し，この間，電気・電子工学の発展は著しく，時代の変化に影響されにくい基礎13科目に限定して編集されたシリーズではありましたが，内容の一部は時代遅れとなりつつあります．また，科目数を13に限定したが故に学習できる範囲が限られ，レベルの異なる他書を探してカバーされない分野の学習を続けなければならないという不便さが指摘されてきました．

　そこで，今般発行する「基本を学ぶ」シリーズの編集委員会では，大学，高等専門学校の電気・電子工学課程における基礎科目をほとんど網羅することを基本方針として，書目を選択することとしました．全国の主だった大学のカリキュラムを参考にして，電気・電子工学課程の初学年で各大学共通して取り上げられている教科内容を調査した結果，教育機関によって科目名に多少の差異は見られますが，電気・電子工学を学ぶうえで必要な基礎科目として，「基本を学ぶ」シリーズの書目を決定しました．

　本シリーズは，1年を2期に分けて教育をする，いわゆるセメスタ制の1期（2単位）で学習を修了できるように，また，総ページ数も200ページ程度に収まるよう内容を厳選しました．しかし，重要事項は漏らすことなく記述してありますので，電気・電子工学の専門的な分野へより深く進むための知識の取得には，十分な内容となっています．平易なわかりやすい文章表現と，紙面の許す限り多くの図面を取り入れ，さらに，図面内にも簡単な説明文を加えることなどにより，電気・電子工学への入門者が容易に学習を進めることができるよう心がけて編集しました．

　電気・電子工学の基礎をしっかり身に付けるには，多くの例題を解いてみることが肝要です．そのため，本シリーズでは，各章末に練習問題を設けています．

発 行 に あ た っ て

　これらの練習問題は，その章で学んだ内容を復習するための例題的な問題から，より高度で専門的な応用問題までを含んでいます．これらの問題を紙と鉛筆を用いて自ら解くことによって，電気・電子工学の知識をより確実なものとしてください．

　最後に，本シリーズのこのような編集方針をご理解くださり，ページ数，執筆内容，章立てなどの調整について，編集委員会の要望を快く受け入れていただいた執筆者各位に厚く御礼を申し上げます．

　2011 年　盛夏

藤 井 信 生

はしがき

　電磁気学は電気・電子工学分野の中で基礎的な科目の一つといわれています．電磁気学上にさまざまな学問が築かれているのも事実ですが，最も大きな理由は，電磁気学の学問体系が百数十年以上の歴史を経て体系化されているからです．歴史が長いといっても電磁気学は完成された学問ではなく，いくつかの論争も現実に存在します．しかし，長い時間をかけて構築された学問であるため，物理現象を理解するためのモデルや，それを説明するための例が豊富にあり，十分精選された形で体系づけられています．このような背景のもとに，電磁気学は基礎的な科目として扱われているのです．

　しかし，電磁気学はベクトル解析をはじめとする数学的記述を多用するので，学生にとってはわかりにくいと敬遠されることもあります．また，電気・電子工学の発展にともない学ぶべき科目の数も多くなってきているなかで，電磁気学をできる限りコンパクトな形で，しかも数学的記述が平易でわかりやすく教える必要も生じてきています．

　本書ではこのような状況を踏まえて，電磁気学としてのエッセンスをコンパクトな体裁でまとめたものです．また，数学的記述の難解さを少なくするため，ベクトル解析を極力使用しないで，法則の導出は積分表示式を中心にして行い，必要に応じて積分表示式から微分表示式を導出するという手法をとりました．電磁気学の学び方には，マクスウェルの方程式から演繹的に議論を進めていく方法と，クーロンの法則をはじめとする実験法則などから帰納的に積み上げていく方法の2通りがあります．本書では，歴史的な背景に基づく後者の方法を採用しています．これは，電磁気学成立の歴史的な流れに沿うものです．

　1章から3章までで，電荷と電界そして誘電体を学び，4章から6章で電流，磁界，磁性体と，電界と磁界に関して学んだ後，7章でマクスウェルの方程式として

は　し　が　き

電磁気学を体系づけるようにしています．各章の演習問題には詳細な解答例を示していますので，これらを活用することでさらに理解を深めてください．なお，ベクトル解析に頼らざるを得ないいくつかの公式については付録にまとめてあります．より詳細に学ぶときには参考にしていただければ幸いです．

最後に本書の執筆にあたって貴重なご意見をいただいた東京工業大学の藤井信生教授，また，出版に際してお世話をいただいたオーム社出版部の各位に感謝いたします．

2011 年 8 月

新　井　宏　之

目次

1章 電荷と電界

1. 電荷間に働く力 ……………………………………………………………… 1
2. 電界と電気力線 ……………………………………………………………… 4
3. 電位と電界 …………………………………………………………………… 13
4. ポアソンとラプラスの方程式 ……………………………………………… 18
   - ●練習問題 ………………………………………………………………… 20

2章 帯電体と静電容量

1. 導体と帯電体 ………………………………………………………………… 23
2. 帯電体と電界 ………………………………………………………………… 25
3. 静電容量 ……………………………………………………………………… 33
4. 電位係数と容量係数 ………………………………………………………… 38
5. イメージ法 …………………………………………………………………… 42
   - ●練習問題 ………………………………………………………………… 48

3章 誘電体

1. 誘電体 ………………………………………………………………………… 49
2. 電界・電束密度の境界条件 ………………………………………………… 54
3. 電気的エネルギーとコンデンサの極板間に働く力 ……………………… 60
   - ●練習問題 ………………………………………………………………… 67

4章 電流と磁界

1. 電流と抵抗 …………………………………………………………………… 69
2. ビオ・サバールの法則 ……………………………………………………… 72
3. アンペアの周回積分の法則 ………………………………………………… 77

	4	磁界中の電流に働く力 …………………………………………………… 83
		●練習問題 ……………………………………………………………… 89

5章　電磁誘導とインダクタンス

1	ファラデーの法則 ……………………………………………………… 91
2	誘導起電力 ……………………………………………………………… 94
3	インダクタンス ………………………………………………………… 99
4	インダクタンスの計算例 ……………………………………………… 105
	●練習問題 ……………………………………………………………… 109

6章　磁性体

1	磁性体 …………………………………………………………………… 111
2	ヒステリシス特性 ……………………………………………………… 115
3	磁界と磁束密度の境界条件 …………………………………………… 118
4	磁気回路 ………………………………………………………………… 123
	●練習問題 ……………………………………………………………… 128

7章　電磁波

1	マクスウェルの方程式 ………………………………………………… 131
2	電磁波 …………………………………………………………………… 135
3	平面波の境界条件と伝搬 ……………………………………………… 139
	●練習問題 ……………………………………………………………… 146

付　録

1	ベクトル公式 …………………………………………………………… 147

2 ベクトルポテンシャル ……………………………………………… 147
3 ノイマンの公式 …………………………………………………… 149

練習問題解答・解説 …………………………………………………… 151
参考文献 ………………………………………………………………… 164
索　引 …………………………………………………………………… 165

1章 電荷と電界

→ 電磁気学の基本は電荷間に働く力を説明するクーロンの法則です．電磁気学では，まず，電荷が複数，または分布してある場所に存在しているときに，電荷間にどのような力が働くのかを知ることが必要となります．これはクーロンの法則を用いてすべて説明することができますが，電界，電位，電気力線，電束といった物理量を定義することで，より実用的に使いやすくなります．

→ 本章では，まず電磁気学で最も基本的で重要なクーロンの法則を説明し，次に単位電荷に働く力の向きと大きさを表す電界を定義することで，電荷に働く力を容易に求められるようにします．また，電荷が複数存在するときや分布して存在するときに電界を求めるのに便利なガウスの定理を説明します．次に，我々にとって身近な電気の単位である電圧（電位）について，電界の電荷に対しての仕事量として電位を定義します．この電位と電界の関係を導いた後，より一般的に与えられた電荷分布から電位を求めるラプラスとポアソンの方程式を導出します．

1 電荷間に働く力

異なる物質間の摩擦によって生じる摩擦電気の発生する過程と，電荷を集めるために用いられる静電誘導について説明します．さらに，電荷間に働く力をクーロンの法則によって定義します．

摩擦電気と静電誘導

板状のプラスチックを毛織物などでこすると，プラスチックは紙片を引きつけます．これは，2種類の物質がこすり合わされることによって，これらの物質が**摩擦電気**という電気的な性質を帯びるためです．このとき物質は**帯電**したといいます．この帯電した電気には正，負の2種類があり，これを**電荷**とよびます．正と負の電荷は互いに引き合いますが，正と正，負と負の組合せでは互いに反発し

合います．そして，これらの力は電荷間の距離が離れるほど弱くなります．

　電磁気学では電荷間に働く力を扱うので，電荷が発生するミクロ的な機構は問題にはしませんが，その概略は物質を構成する原子の構造に依存しています．原子内では負の電荷を持った電子が，正の電荷を持った原子核を中心として，いくつかの軌道上を運動しています．原子核の正の電荷量と運動している電子の負の総電荷量は等しいので，原子は電気的には中性になります．原子核と電子の間にはクーロン力という強い引力が働いて，電子は原子核のまわりに拘束されていますが，一番外側の電子の軌道（最外殻軌道）の電子に働くクーロン力は他の軌道の電子より弱くなっています．軌道上の電子の数が 2^n（n は軌道番号）のときに安定しているので，原子の構造によって最外殻軌道に一つの電子が運動している物質 A と，七つの電子が運動している物質 B が接近すると，**図 1・1** のように A の電子は B に移動して安定的な状態をつくりだします．このとき，A は電気的に正となって，B は負となり帯電が生じます．したがって，2 種類の物質をこすり合わせると，このような電子の移動が生じて物質の帯電が生じ，帯電した物質を**帯電体**とよびます．

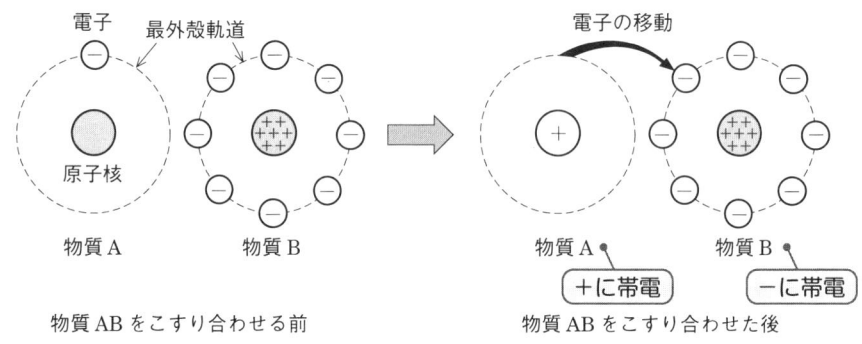

図 1・1 電荷の発生

　最外殻軌道に一つ，または，二つの電子がある物質では，これらの電子への原子核からの拘束力が比較的弱いので，電子が軌道から離れて，その物質内の最外殻軌道間を自由に移動しています．このような電子を**自由電子**とよび，自由電子が存在する物質を**導体**，また，自由電子が存在しないものを**絶縁体**といいます．また，絶縁体と導体の中間的な性質を持つ物質を**半導体**とよびます．

　次に**図 1・2** のように，帯電していない導体 A に，正の電荷が帯電した B を近づ

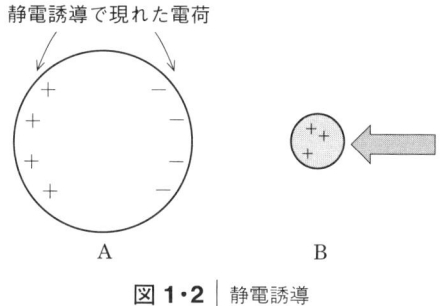

図 1・2 静電誘導

けると，導体 A 内の自由電子は自由に導体内を移動できるので，B のほうに自由電子が集まってきます．自由電子が抜けた導体 A の左側は電気的に正，その逆は負となるので，帯電体を近づけることで，導体 A の右側は負に，左側は正に帯電します．このように，導体内部で電荷の移動が生じて局部的に帯電することを**静電誘導**といいます．

クーロンの法則

静電誘導などによって，帯電体をつくると帯電体間に力が働きます．クーロンはこの力を精密な実験で定量的に求め，その業績にちなんでこの力の働く原理を**クーロンの法則**とよびます．これは，二つの帯電体間に働く力 F は，帯電体の持つ電荷量 Q_1, Q_2 の積に比例し，帯電体間の距離 r の2乗に反比例するというものです．この関係は逆2乗の法則ともよばれ，比例定数を K として次のように表されます．

$$F = K \frac{Q_1 Q_2}{r^2} \tag{1・1}$$

ここで，帯電体の大きさが帯電体間の距離 r に比べて十分に小さく無視できるとき，この帯電体は点に有限の大きさの電荷量を持って電荷が集中する点電荷として定義されます．力の向きは**図 1・3** に示す互いに反発する向きを正とし，引き合う向きを負とします．なお MKS 単位系では，力，電荷量，距離の単位はニュートン〔N〕，クーロン〔C〕，メータ〔m〕です．比例定数 K は電荷が真空中にあるとき，その誘電率 ε_0 を用いて $K = 1/4\pi\varepsilon_0$ となるように定義します．したがって，この K を式（1・1）に代入するとクーロンの法則は次式となります．

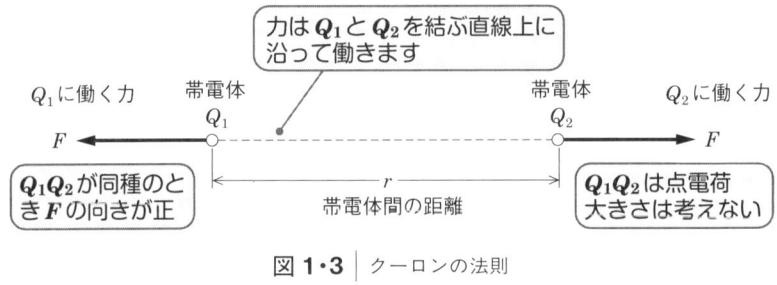

図 1・3 クーロンの法則

$$F = \frac{Q_1 Q_2}{4\pi\varepsilon_0 r^2} \quad [\text{N}] \tag{1・2}$$

真空中の誘電率 ε_0 は，真空中の透磁率を μ_0 として，7章で説明するように光の速度 c [m/s] と次のような関係式を満たします．

$$c = \frac{1}{\sqrt{\varepsilon_0 \mu_0}} \quad [\text{m/s}] \tag{1・3}$$

MKS 単位系においては，$\mu_0 = 4\pi \times 10^{-7}$ H/m と定義されるので，光の速度 c を 3×10^8 m/s と近似すれば，$\varepsilon_0 = 8.854 \times 10^{-12}$ F/m となります．以後，空間は真空として扱います．誘電率と透磁率の単位に用いられるファラッド [F]，ヘンリー [H] は，3章および5章で説明します．

2 電界と電気力線

ここでは電界を定義して，その可視化に有効な電気力線を説明します．また，電荷とそれによって生じる電気力線の定量的な関係からガウスの定理を定義し，簡単なモデルを用いて証明します．

電界

一つの帯電体に他の帯電体を近づけるとクーロンの法則により力が働きます．このとき，1C の点電荷 (単位正電荷) に働く力の向きと大きさを，その点での **電界** と定義します．電界 E は図 1・4 に示すように，クーロン力による力の向きと同じで，その大きさは，真空中において $Q_2 = 1$ [C] を式 (1・2) に代入して与えられます．

$$E = \frac{Q_1}{4\pi\varepsilon_0 r^2} \quad [\text{N/C}] \tag{1・4}$$

2 電界と電気力線

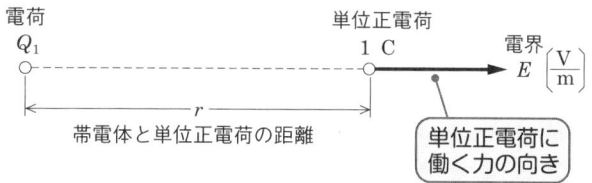

図1・4 電界の定義

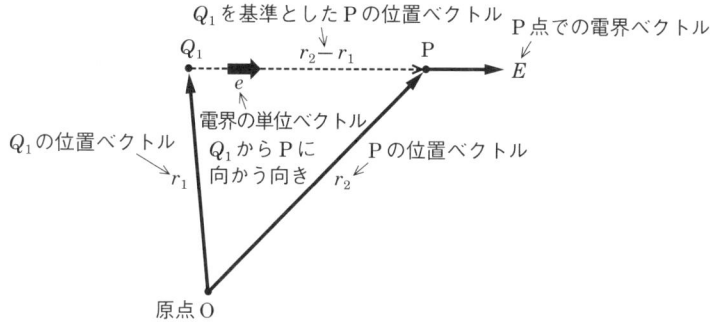

図1・5 電界のベクトル表記

なお，電界の単位〔N/C〕は，〔N〕=〔J/m〕，〔J/C〕=〔V〕の関係を利用した次元計算によって，〔V/m〕として用いるのが一般的です．電界は単位正電荷に働く力ですので，Q〔C〕の電荷が電界E〔V/m〕から受ける力F〔N〕は次のようになります．

$$F = QE \quad \text{〔N〕} \tag{1・5}$$

電界は大きさと向きを持ったベクトルです．図**1・5**に示すように，座標軸の原点をOとして，電荷Q_1の位置ベクトルを$\bm{r}_1$，観測点Pの位置ベクトルを$\bm{r}_2$とすれば，電界の向きは電荷からP点に向かう方向として，その単位ベクトル$\bm{e}$は次のように表せます．

$$\bm{e} = \frac{\bm{r}_2 - \bm{r}_1}{|\bm{r}_2 - \bm{r}_1|} \tag{1・6}$$

電荷からP点までの距離rは$|\bm{r}_2 - \bm{r}_1|$となるので，P点での電界は次のベクトルとして表されます．

$$\bm{E} = \frac{Q_1}{4\pi\varepsilon_0 r^2}\bm{e} = \frac{Q_1}{4\pi\varepsilon_0}\frac{\bm{r}_2 - \bm{r}_1}{|\bm{r}_2 - \bm{r}_1|^3} \quad \text{〔V/m〕} \tag{1・7}$$

次に，複数の帯電体が存在するとき，任意の点での電界は，それぞれの帯電体

1章 電 荷 と 電 界

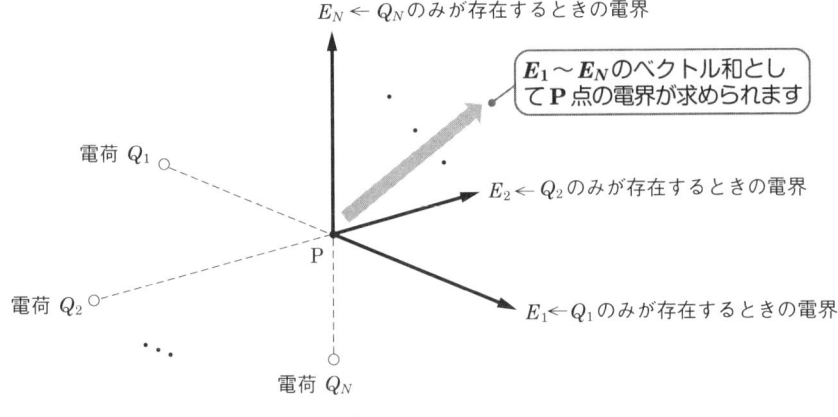

図 1・6 複数の電荷による電界

が一つだけ存在したものとして求めた電界を足し合わせることで得られます．これを**重ね合わせの理**とよびます．図 1・6 のように，N 個の電荷が存在するとき，観測点 P での電界は，それぞれの電荷が P 点につくる電界 E_i のベクトル和として次のように表されます．なお，電界 E_i は式 (1・7) により求められます．

$$E = E_1 + E_2 + \cdots + E_N = \sum_{i=1}^{N} E_i \quad [\mathrm{V/m}] \tag{1・8}$$

電気力線

　正の帯電体に他の正電荷を近づけると，クーロンの法則によって反発力を受けて，正電荷は帯電体から遠ざかります．また，逆に負の電荷を近づければ引き寄せられます．ここで点電荷を考えると，電荷の動く方向は**図 1・7** のように放射状となって，この点電荷の移動する軌跡によって描かれた線を**電気力線**とよびます．電気力線は，正電荷から出て，負電荷に終わり，電荷のないところから生じたり，電荷のないところでは終わりません．ただし，空間にある電荷の総量が 0 でないときには，電気力線は無限遠に広がっていきます．また，電気力線の任意の点での接線は，その点の電界の方向を示します．

　図 1・7 より，点電荷の場合，電気力線の密度は電荷に近づくほど大きく，遠ざかるにつれ小さくなることがわかります．ここで，電界の強さが 1 V/m の点での電気力線の密度を 1 本/m² と定義します．このとき，電荷量 Q_1 〔C〕の電荷から距離 r〔m〕離れた点での電界の強さ E_1 は，式 (1・4) で求められます．したがって，

2 電界と電気力線

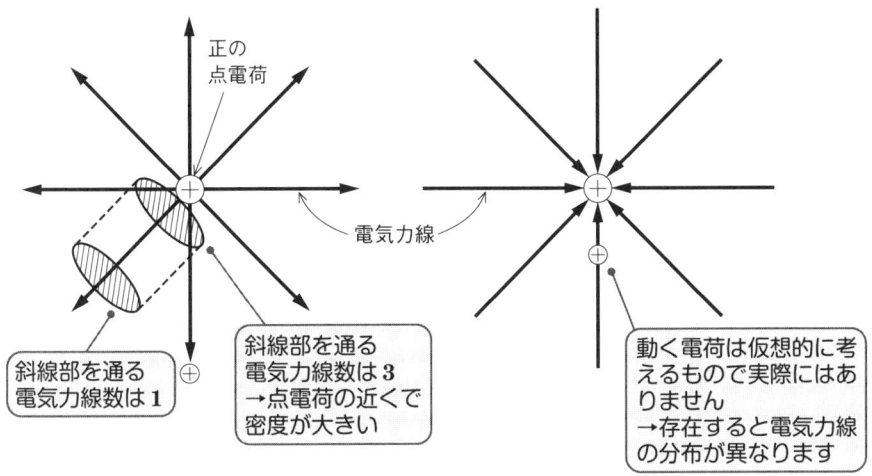

図 1・7 電気力線

電荷を中心とする半径 r〔m〕の球面を通過する全電気力線数 N〔本〕は次のように表せます．

$$N = E_1 \times 4\pi r^2 = \frac{Q_1}{4\pi\varepsilon_0 r^2} \times 4\pi r^2 = \frac{Q_1}{\varepsilon_0} \quad 〔本〕 \tag{1・9}$$

ガウスの定理

一つの電荷から生じる全電気力線を求めましたが，ここでは任意の閉空間内に複数の電荷があるときを考えます．**図 1・8** のように閉曲面 S の内部に，Q_1，Q_2, …, Q_N の N 個の点電荷が存在するとき，閉曲面 S から外部へ出ていく電気力線の総数は，閉曲面内の総電荷量を ε_0 で割ったものに等しくなります．これを**ガウスの定理**とよび，閉曲面上での電界を面積分した値と，閉曲面内の電荷量の関係式が次のように表されます．

$$\int_S \boldsymbol{E} \cdot \boldsymbol{n} \, dS = \frac{1}{\varepsilon_0} \sum_{i=1}^{N} Q_i \tag{1・10}$$

ここで，$\boldsymbol{n}$ は閉曲面上の任意の点での外向きの単位法線ベクトルです．式(1・10)の右辺は閉曲面内の全電荷量なので，閉曲面内に電荷が存在しないときには 0 となります．

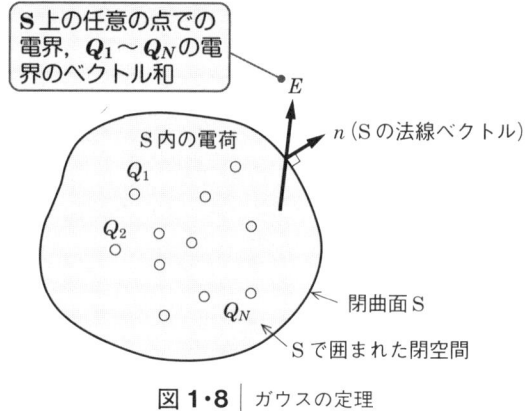

図 1・8 ガウスの定理

$$\int_S \boldsymbol{E} \cdot \boldsymbol{n} dS = 0 \tag{1・11}$$

また，点電荷 Q_S のみが閉曲面上に存在するときには式(1・10)の右辺の値が 1/2 となります．

$$\int_S \boldsymbol{E} \cdot \boldsymbol{n} dS = \frac{1}{2} \frac{Q_S}{\varepsilon_0} \tag{1・12}$$

このガウスの定理について，電荷が閉曲面の外部，または内部，または閉曲面上にあるときについて，まず，一つの電荷を考えて証明します．

図 1・9 のように，閉曲面 S の外側に電荷 Q 〔C〕が存在する例について考えます．閉曲面 S を N 個の小さな閉曲面 S_1，S_2，…，S_N に分割します．ここで，隣接した閉曲面 S_i と S_j の接している面 S_b で面積分を行うとき，法線ベクトル $\boldsymbol{n}_i$ と $\boldsymbol{n}_j$ の向きが互いに逆なので面積分の値は符号が逆となって打ち消し合い，積

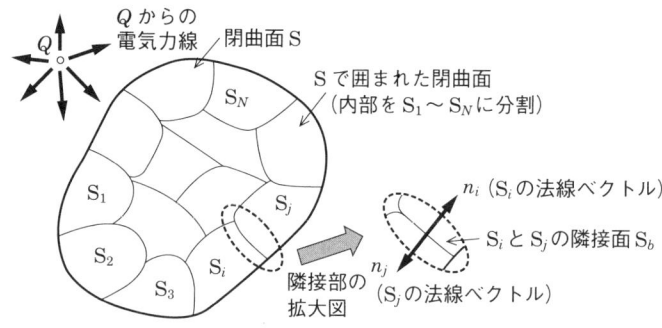

図 1・9 ガウスの定理の証明（電荷が S の外部にあるとき）

分値としては外側での積分値が残ります．同様にして，分割したすべての曲面の互いに接する部分での積分値は打ち消し合うので，面積積分は次のように表すことができます．

$$\int_S \boldsymbol{E} \cdot \boldsymbol{n} dS = \int_{S_1} \boldsymbol{E} \cdot \boldsymbol{n} dS_1 + \int_{S_2} \boldsymbol{E} \cdot \boldsymbol{n} dS_2 + \cdots + \int_{S_N} \boldsymbol{E} \cdot \boldsymbol{n} dS_N \qquad (1 \cdot 13)$$

ここで，それぞれの閉曲面 S_i を，点とみなせるほど十分小さくすれば，S_i に出入りする電気力線は1本となって，入るところと出るところの電界の大きさは等しいので，S_i での面積積分は0となります．したがって，式(1・13)の右辺は0となり閉曲面の外部に電荷があるときのガウスの定理が証明されました．

次に図 **1・10** のように，閉曲面Sの内部に Q 〔C〕の電荷があるとき，この閉曲面を電荷を中心とする半径 r 〔m〕の球 S_1 と，それを取り囲む閉曲面 S_2 に分割します．閉曲面 S_2 が S_1 を取り囲む一つの閉曲面となるように図1・10に示すような切り込みを入れます．電荷は閉曲面 S_2 の外部にあるので，すでに証明したように，S_2 上での電界の面積積分が0となるので，S_1 での積分を考えればよいのです．

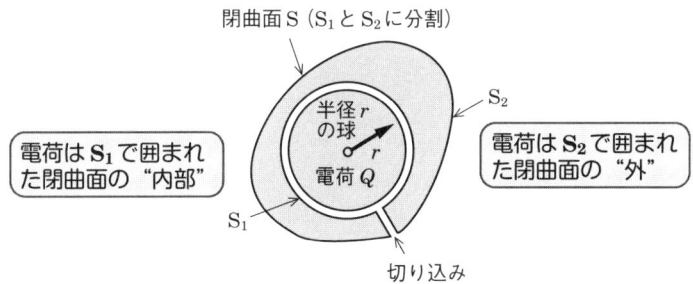

図 **1・10** ガウスの定理の証明（電荷がSの内部にあるとき）

電荷の位置を原点とすれば，電荷から距離 r 〔m〕離れた点での電界は r 成分のみを持つので，式(1・4)より電界が求められます．

$$E = \frac{Q}{4\pi\varepsilon_0 r^2} \quad [\text{V/m}] \qquad (1 \cdot 14)$$

閉曲面上 S_1 での法線ベクトルの方向は r 方向と一致するので，式(1・10)の左辺の積分を計算すると次式が得られます．

$$\int_0^{2\pi}\int_0^{\pi} \frac{Q}{4\pi\varepsilon_0 r^2} r^2 \sin\theta d\theta d\phi = \frac{Q}{\varepsilon_0} \qquad (1 \cdot 15)$$

以上より，閉曲面内に点電荷が存在するときのガウスの定理が証明されました．

なお，S_1 と S_2 の隣接面，また切込み部は接している面の法線レベルが互いに逆向きとなるので図1・9と同様に互いに打ち消して影響はありません．

最後に閉曲面の表面上に電荷あるときについて考えます．このとき，**図1・11** のように表面に点電荷の存在する閉曲面を，電荷を取り囲む小さな半球面 S_1 と，それ以外の領域 S_2 に分割して考えます．S_2 では電荷が外部にあるため，その積分値は0となります．閉曲面 S_1 を図1・11のように，電荷のある面が平面とみなせるほど小さくとれば，その平面上では電界 E と平面の法線ベクトル n が直交するため，平面上での面積積分は0となります．他の部分は半径 r_1 の半球となり，その面積は $2\pi r_1^2$ なので，閉曲面の表面上に電荷が存在するときのガウスの定理の積分は

$$\int_{S_1} \boldsymbol{E} \cdot \boldsymbol{n} dS_1 = \frac{Q}{4\pi\varepsilon_0 r_1^2} \times 2\pi r_1^2 = \frac{Q}{2\varepsilon_0} \tag{1・16}$$

となり，電荷が閉曲面の内部にあるときの1/2になります．

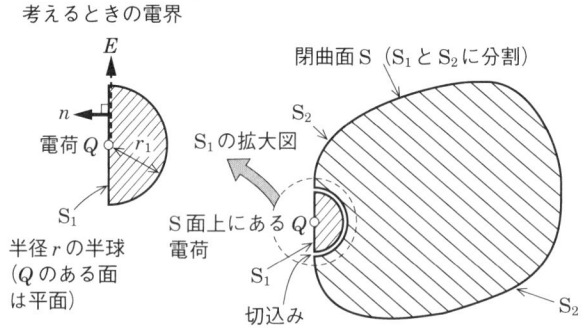

図1・11 ガウスの定理，証明3

以上，ガウスの定理について簡単なモデルを用いて証明しました．電荷が複数あるときには，それぞれの電荷についてガウスの定理を適用し，重ね合わせの理を用いて合成します．また，閉曲面が任意の形状をしているときには，曲面を球とそれ以外に分割して考えればよいことになります．

分布電荷に対するガウスの定理

式(1・10)は複数の点電荷の場合でしたが，次に**図1・12**に示す分布電荷に対するガウスの定理を定義します．閉曲面 S で囲まれた領域 v 内で，電荷が ρ〔C/m³〕

2 電界と電気力線

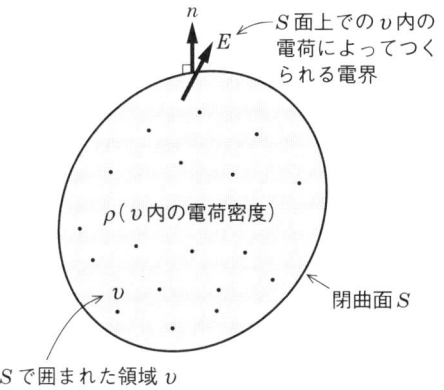

図 1・12 分布電荷に対するガウスの定理

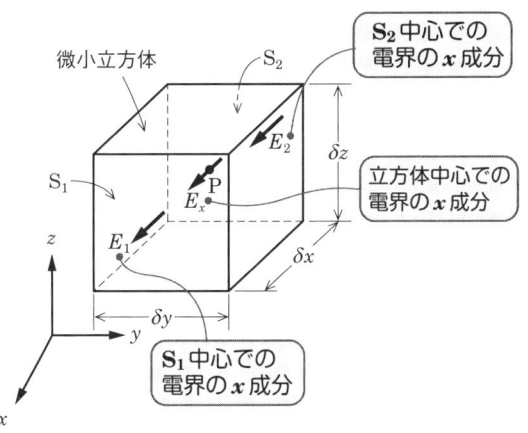

図 1・13 微小立方体

の密度で分布しているものとします．閉曲面内の総電荷量は，この分布電荷の領域 v 内での体積積分として与えられるので，分布電荷に対するガウスの定理は次のように表せます．

$$\int_S \boldsymbol{E} \cdot \boldsymbol{n} dS = \frac{1}{\varepsilon_0} \int_v \rho dv \tag{1・17}$$

式 (1・17) の左辺の積分を，**図 1・13** に示す微小立方体について考えてみます．各辺の長さが $(\delta x, \delta y, \delta z)$〔m〕の立方体の中心を P 点 (x, y, z) とし，P 点での電界が (E_x, E_y, E_z) で与えられるとします．P 点から x 方向に $\pm \delta x/2$〔m〕離れた立方体の面 S_1 と面 S_2 上で，面を垂直に通過する電界の x 成分は次のように表

せます．

$$E_1 = E_x + \frac{\partial E_x}{\partial x} \frac{\delta x}{2} \tag{1・18}$$

$$E_2 = E_x - \frac{\partial E_x}{\partial x} \frac{\delta x}{2} \tag{1・19}$$

したがって，立方体が十分に小さいとき，式（1・17）の左辺の面積積分を，面 S_1 と面 S_2 について行うと次の関係式が得られます．

$$\int_{S_1} \boldsymbol{E} \cdot \boldsymbol{n} dS + \int_{S_2} \boldsymbol{E} \cdot \boldsymbol{n} dS = E_1 \delta y \delta z - E_2 \delta y \delta z$$

$$= \left(E_x + \frac{\partial E_x}{\partial x} \frac{\delta x}{2} \right) \delta y \delta z - \left(E_x - \frac{\partial E_x}{\partial x} \frac{\delta x}{2} \right) \delta y \delta z$$

$$= \frac{\partial E_x}{\partial x} \delta x \delta y \delta z \tag{1・20}$$

同様にして立方体の残りの面に対して面積積分を行うと次式が得られます．

$$\int_S \boldsymbol{E} \cdot \boldsymbol{n} dS = \left(\frac{\partial E_x}{\partial x} + \frac{\partial E_y}{\partial y} + \frac{\partial E_z}{\partial z} \right) \delta x \delta y \delta z \tag{1・21}$$

式（1・17）の右辺の体積積分は $\rho \delta x \delta y \delta z$ となるので，ガウスの定理は次のように表せます．

$$\left(\frac{\partial E_x}{\partial x} + \frac{\partial E_y}{\partial y} + \frac{\partial E_z}{\partial z} \right) \delta x \delta y \delta z = \frac{\rho}{\varepsilon_0} \delta x \delta y \delta z$$

したがって，

$$\frac{\partial E_x}{\partial x} + \frac{\partial E_y}{\partial y} + \frac{\partial E_z}{\partial z} = \frac{\rho}{\varepsilon_0} \tag{1・22}$$

が得られます．ここで，x，y，z 方向の単位ベクトルを $\boldsymbol{i}$，$\boldsymbol{j}$，$\boldsymbol{k}$ として，微分演算子 ∇（ナブラ，またはデル）を，次式で定義します．

$$\nabla = \frac{\partial}{\partial x} \boldsymbol{i} + \frac{\partial}{\partial y} \boldsymbol{j} + \frac{\partial}{\partial z} \boldsymbol{k} \tag{1・23}$$

式（1・23）を用いて式（1・22）の左辺は次のようになります．

$$\frac{\partial E_x}{\partial x} + \frac{\partial E_y}{\partial y} + \frac{\partial E_z}{\partial z} = \left(\frac{\partial}{\partial x} \boldsymbol{i} + \frac{\partial}{\partial y} \boldsymbol{j} + \frac{\partial}{\partial z} \boldsymbol{k} \right) \cdot (E_x \boldsymbol{i} + E_y \boldsymbol{j} + E_z \boldsymbol{k})$$

$$= \nabla \cdot \boldsymbol{E} \tag{1・24}$$

以上のように式（1・22）と式（1・24）より，次に示すガウスの定理の微分表示式が求められます．

$$\nabla \cdot \boldsymbol{E} = \frac{\rho}{\varepsilon_0} \tag{1・25}$$

3 電位と電界

電界による仕事として電位を定義し，電位と電界の関係を電位のこう配を用いて表します．また，この関係を利用して電気双極子による電界を求めます．

電界による仕事と電位

電界は任意の点での単位正電荷の受ける力の向きと大きさとして定義されるので，電界中に電荷をおくと，電荷は電界から力を受け動きます．図 **1·14** のA点からB点まで，単位正電荷を動かしたときについて考えます．A点からB点までのこの曲線上のP_x点近傍で，単位正電荷がx方向にdx〔m〕だけ動いたときの仕事dW〔J〕は，P点での電界のx方向の強さをE_x〔V/m〕として次のようになります．

$$dW = -E_x \times 1 \times dx \tag{1·26}$$

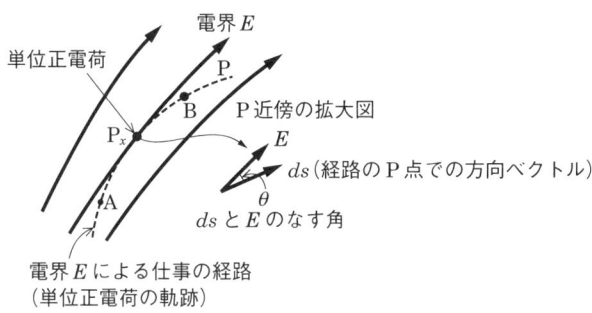

図 **1·14** 電界による仕事

ここで，仕事の符号を負とするのは，電界がP点で単位正電荷に対して仕事をし，電荷としては仕事をされてエネルギーを供給されるためです．

式(1·26)を一般化すると，電界Eの中を電荷Qがds移動したときの仕事dWは

$$dW = -QE ds$$

となります．したがって，図 **1·15** のA点からB点まで経路P_1に沿って動くときの仕事W_1〔J〕は，電界の接線成分と電荷量の積として次のように求められます．

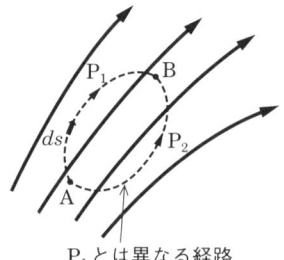

図 1・15 電界に逆らってする仕事
P_1 と戻る経路 P_2

$$W_1 = -\int_A^B Q\boldsymbol{E}\cdot\boldsymbol{ds} = -\int_A^B QE_P \cos\theta ds \quad \text{[J]} \tag{1・27}$$

次に図 1・15 のように，A 点から B 点に至る P_1 とは異なる経路 P_2 での仕事 W_2 は，電界が時間的に変化しなければ $W_1 = W_2$ が成り立ちます．

仮に，$W_1 < W_2$ とすると，A 点から経路 P_1 を通って B 点に至り，B 点から経路 P_2 を通って A 点に戻るループにおいて，P_2 での向きが逆になるので全仕事は $W_1 - W_2 < 0$ となります．このループを繰り返すことでエネルギーを無限に取り出せるので，エネルギー保存の法則に矛盾します．したがって，A 点から B 点までの仕事は経路に依存せず，$W_1 = W_2$ となり始点と終点の位置だけで決定されます．これは電界が保存場としての性質を持つことを示しています．

電界の中で，単位正電荷を点 A から点 B まで移動させたときの仕事を，B 点の A 点に対する **電位** V_{BA} と定義します．すなわち，

$$V_{BA} = -\int_A^B \boldsymbol{E}\cdot\boldsymbol{ds} \quad \text{[V]} \tag{1・28}$$

となり，上式は AB 間の電位差ですが，基準となる点 A を無限遠としたとき，B 点での電位を絶対電位 V_B と定義します．

$$V_B = -\int_\infty^B \boldsymbol{E}\cdot\boldsymbol{ds} \quad \text{[V]} \tag{1・29}$$

図 1・16 のように，点電荷 Q [C] から距離 r [m] 離れた P 点での絶対電位 V_P は次式で与えられます．

$$V_P = -\int_\infty^r \frac{Q}{4\pi\varepsilon_0 r^2} dr = \frac{Q}{4\pi\varepsilon_0 r} \quad \text{[V]} \tag{1・30}$$

このとき，AB 間の電位差は式（1・30）を用いて次のようになります．

3 電位と電界

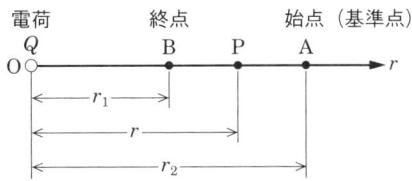

図 1・16 点電荷からの電位

$$V_{BA} = \frac{Q}{4\pi\varepsilon_0 r_1} - \frac{Q}{4\pi\varepsilon_0 r_2} \quad \text{[V]} \tag{1・31}$$

電位の傾きと等電位面

式 (1・26) は，単位正電荷を動かしたときの仕事なので，dW は距離 dx 間での電位差 dV と等しくなります．

$$dV = -E_x dx \tag{1・32}$$

ここで，式 (1・32) より，

$$E_x = -\frac{dV}{dx} \tag{1・33}$$

が得られ，電位の傾きは電界を表すことがわかります．

一般的に3次元空間内の任意の点での電位 V が与えられたとき，その点での電界 $\boldsymbol{E}$ はベクトルとして次のように求められます．

$$\boldsymbol{E} = -\left(\frac{\partial V}{\partial x}\boldsymbol{i} + \frac{\partial V}{\partial y}\boldsymbol{j} + \frac{\partial V}{\partial z}\boldsymbol{k}\right) \quad \text{[V/m]} \tag{1・34}$$

なお，式 (1・34) を，電位のこう配とよび，次のように表します．

$$\boldsymbol{E} = -\text{grad}\,V = -\nabla V \quad \text{[V/m]} \tag{1・35}$$

電位の等しい点を連ねた面を**等電位面**とよび，点電荷のつくる等電位面は図 1・17 に示す同心球状になります．等電位面は，その面に沿う方向に電界成分を持たないので，電気力線とは垂直に交わります．また，二つの等電位面は決して交わることはありません．

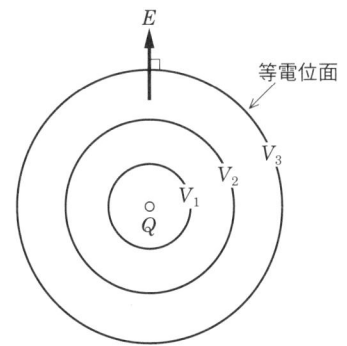

図 1・17 点電荷の等電位面

電気双極子

図 1・18 のように，大きさが等しい正負の一対の点電荷が，距離 δ [m] で近接して配置されたものを**電気双極子**とよびます．双極子の中心から，δ に比べて十分大きな距離 r [m] だけ離れた P 点での電界を求めるため，まず P 点での電位を求めます．P 点での電位 V_P は図 1・18 の座標を用いて，正負の電荷それぞれからの絶対電位の重ね合わせとして求められます．

$$V_P = \frac{Q}{4\pi\varepsilon_0 r_1} - \frac{Q}{4\pi\varepsilon_0 r_2} \quad [\text{V}] \tag{1・36}$$

r_1，r_2 は余弦定理を用いて次のように表されます．

$$r_1 = \sqrt{r^2 + \left(\frac{\delta}{2}\right)^2 - r\delta\cos\theta} \tag{1・37}$$

$$r_2 = \sqrt{r^2 + \left(\frac{\delta}{2}\right)^2 + r\delta\cos\theta} \tag{1・38}$$

$\delta \ll r$ の条件のもとで，各電荷から P 点までの距離 r_1，r_2 は次のように近似できます．

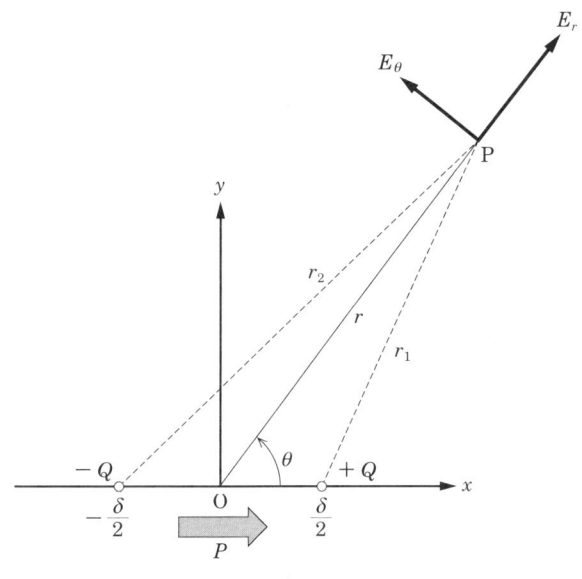

図 1・18 ｜ 電気双極子

$$r_1 \simeq r - \frac{\delta}{2}\cos\theta \quad [\text{m}] \tag{1・39}$$

$$r_2 \simeq r + \frac{\delta}{2}\cos\theta \quad [\text{m}] \tag{1・40}$$

これらの式を式 (1・36) に代入し，$\delta \ll r$ に注意すると，

$$V_P \simeq \frac{Q}{4\pi\varepsilon_0}\left(\frac{1}{r-\dfrac{\delta}{2}\cos\theta} - \frac{1}{r+\dfrac{\delta}{2}\cos\theta}\right)$$

$$= \frac{Q}{4\pi\varepsilon_0}\frac{\delta\cos\theta}{r^2 - \dfrac{\delta^2}{4}\cos^2\theta}$$

$$\simeq \frac{Q\delta\cos\theta}{4\pi\varepsilon_0 r^2} \quad [\text{V}] \tag{1・41}$$

が得られます．

ここで，Q と δ の積を大きさとして，$-Q$ から $+Q$ に向かう向きのベクトル $\boldsymbol{P}$ を，**電気双極子モーメント**とよび，

$$\boldsymbol{P} = Q\delta\boldsymbol{i} = P\boldsymbol{i} \quad [\text{Cm}] \tag{1・42}$$

と表します．ただし $\boldsymbol{i}$ は x 軸方向の単位ベクトルです．

原点からの P 点の位置ベクトルを $\hat{\boldsymbol{r}}$ とすると，P 点での電位は電気双極子モーメントを用いて次のようになります．

$$V_P = \frac{P\cos\theta}{4\pi\varepsilon_0 r^2} = \frac{\boldsymbol{P}\cdot\hat{\boldsymbol{r}}}{4\pi\varepsilon_0 r^3} \quad [\text{V}] \tag{1・43}$$

いま，二つの双極子モーメント $\boldsymbol{P}_1$，$\boldsymbol{P}_2$ があるときを考えます．二つの双極子モーメントによる電位は重ね合わせの理より，

$$V = \frac{\boldsymbol{P}_1\cdot\hat{\boldsymbol{r}}}{4\pi\varepsilon_0 r^3} + \frac{\boldsymbol{P}_2\cdot\hat{\boldsymbol{r}}}{4\pi\varepsilon_0 r^3} \tag{1・44}$$

$$= \frac{(\boldsymbol{P}_1+\boldsymbol{P}_2)\cdot\hat{\boldsymbol{r}}}{4\pi\varepsilon_0 r^3} \quad [\text{V}] \tag{1・45}$$

となるので，電位は $\boldsymbol{P}_1+\boldsymbol{P}_2$ で表される一つの双極子モーメントによって与えられます．したがって，複数の双極子モーメントが存在するとき，双極子モーメントをベクトル的に加えた一つの双極子モーメントに合成することができることを表しています．

P 点での電位が求められたので，P 点での電界 E_r，E_θ は，それぞれの方向へのこう配から求められます．

$$E_r = -\frac{\partial V_P}{\partial r} = \frac{P\cos\theta}{2\pi\varepsilon_0 r^3} \quad [\text{V/m}] \tag{1・46}$$

$$E_\theta = -\frac{\partial V_P}{r\partial \theta} = \frac{P\sin\theta}{4\pi\varepsilon_0 r^3} \quad [\text{V/m}] \tag{1・47}$$

また,図**1・19**に示すように電界の成分を x, y 座標で表すと次式が得られます.

$$E_x = E_r\cos\theta - E_\theta\sin\theta = \frac{P}{4\pi\varepsilon_0 r^3}(2\cos^2\theta - \sin^2\theta) \quad [\text{V/m}] \tag{1・48}$$

$$E_y = E_r\sin\theta + E_\theta\cos\theta = \frac{3P}{4\pi\varepsilon_0 r^3}\sin\theta\cos\theta \quad [\text{V/m}] \tag{1・49}$$

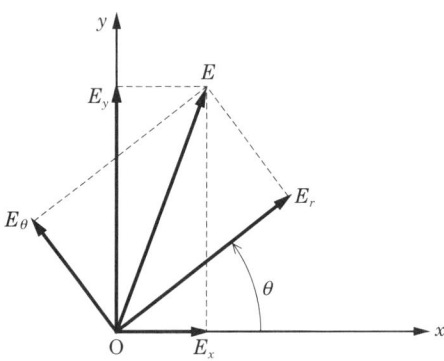

図**1・19** 電気双極子の座標系

4 ポアソンとラプラスの方程式

ここでは,電位と電界の関係と,電界と電荷の関係からラプラスとポアソンの方程式を導きます.

電界は電位のこう配として式 (1・35) で,また,電界は式 (1・25) のガウスの定理から以下のように求められました.

$$\boldsymbol{E} = -\nabla V \tag{1・50}$$

$$\nabla\cdot\boldsymbol{E} = \frac{\rho}{\varepsilon_0} \tag{1・51}$$

式 (1・50) を式 (1・51) に代入して電界を消去します.

4 ポアソンとラプラスの方程式

$$\nabla \cdot \nabla V = -\frac{\rho}{\varepsilon_0} \tag{1・52}$$

ここで，式（1・52）の左辺を $\nabla^2 V$ と表すと，

$$\nabla^2 V = -\frac{\rho}{\varepsilon_0} \tag{1・53}$$

となり**ポアソンの方程式**とよびます．

また，電荷が存在しないときには，

$$\nabla^2 V = 0 \tag{1・54}$$

となり，これを**ラプラスの方程式**とよびます．

これらの方程式の左辺の演算は (x, y, z) 座標系で次のように表せます．

$$\nabla \cdot \nabla V = \left(\frac{\partial}{\partial x}\boldsymbol{i} + \frac{\partial}{\partial y}\boldsymbol{j} + \frac{\partial}{\partial z}\boldsymbol{k}\right) \cdot \left(\frac{\partial V}{\partial x}\boldsymbol{i} + \frac{\partial V}{\partial y}\boldsymbol{j} + \frac{\partial V}{\partial z}\boldsymbol{k}\right) \tag{1・55}$$

$$= \frac{\partial^2 V}{\partial x^2} + \frac{\partial^2 V}{\partial y^2} + \frac{\partial^2 V}{\partial z^2} \tag{1・56}$$

したがって，式（1・56）を用いてポアソンとラプラスの方程式は，以下のようになります．

$$\frac{\partial^2 V}{\partial x^2} + \frac{\partial^2 V}{\partial y^2} + \frac{\partial^2 V}{\partial z^2} = -\frac{\rho}{\varepsilon_0} \tag{1・57}$$

$$\frac{\partial^2 V}{\partial x^2} + \frac{\partial^2 V}{\partial y^2} + \frac{\partial^2 V}{\partial z^2} = 0 \tag{1・58}$$

ポアソンとラプラスの方程式は，電荷の分布があらかじめわかっていれば，それによって一義的に電位分布が決定されます．したがって，求められた電位分布から電界が求められます．しかし，2章以降で説明する導体や誘電体が存在することによる条件も考慮してこれらの方程式を一般的に解くのは困難で，解が求められるのは限られた場合です．また，ポアソンとラプラスの方程式をコンピュータによって数値的に解くことも，現実の問題に対しては行われています．

練習問題

【1】 1Cの点電荷が1mの距離をおいて二つあるときに働くクーロン力を求めなさい.

【2】 10^{-6}Cの電荷から生じる電気力線の総数はいくらですか.

【3】 水素原子の電子の軌道半径（5×10^{-11}m）の位置での原子核の正の電荷（1.6×10^{-19}C）による電位はいくらですか.

【4】 x軸上の$x=-1$mに2C, $x=2$mに-1Cの点電荷があるとき, x軸上（$x>2$）の点での電界の強さを求めなさい. ただし, x軸の方向を電界の正方向とします. また, 電界が0となる位置を求めなさい.

【5】 一辺が1mの正三角形の頂点をA, B, Cとし, それぞれの頂点に-1C, 1C, 1Cの点電荷がおかれているとき, 各電荷に働く力の大きさと向きを求めなさい.

【6】 空間中に電子が固定されているとき, その上方でもう一つの電子が重力と釣り合って静止しました. このときの二つの電子の間隔はいくらですか. ただし, 電子の質量を$m=9.1\times10^{-31}$kg, 重力加速度を$g=9.8$m/s^2, 電子の電荷量を$e=-1.6\times10^{-19}$Cとします.

【7】 図1・20に示すように, 原点にQ〔C〕の点電荷があるとき, A点の電位を0とするために, B点におく電荷量はいくらですか.

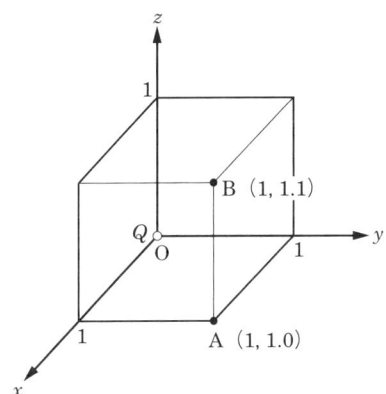

図1・20

【8】 図 **1・21** に示すように,原点に $Q=4$ C の電荷があるとき,A → B → C の経路に沿って単位正電荷を動かしたときの仕事はいくらですか.

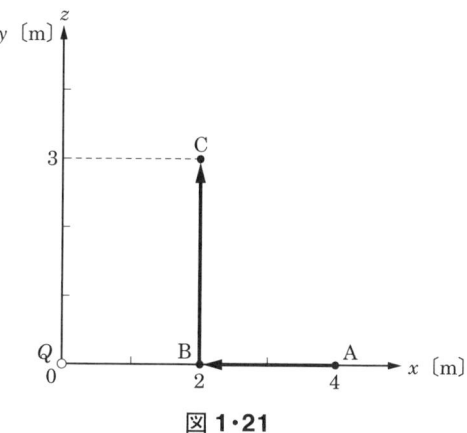

図 **1・21**

2章 帯電体と静電容量

→電荷を蓄えておくことができれば，電気的なエネルギーの保存や電荷を蓄える性質を利用した電気回路の部品をつくることができます．電荷を蓄えるものがコンデンサです．コンデンサがどのくらいの電荷を蓄えることができるのかを正確に計算できれば工学上の応用範囲が広がります．このためにコンデンサに電荷が蓄えられているときに，その周囲にどのような電気的な力を及ぼすか，つまり電界の分布を求めることが必要となります．

→本章では，まず電荷が存在するときの導体は電磁気学的にどのような条件として定義されるのかを示します．そして，いくつかの具体的な導体の形状に対して条件を考慮したうえで電荷が存在するときに生じる電界の分布を求めます．この電界分布を用いて電気・電子工学で最も重要な部品の一つあるコンデンサについて，その電荷を蓄える度合いを示す静電容量を定義します．また，送電線のように大地の影響を考えなくてはならない問題を解くときに有効なイメージ法についても説明します．

1 導体と帯電体

　静電気の立場で扱う電荷はその移動が終了して静止した状態になったときを扱うので，導体に帯電した電荷の分布と，それによって生じる電界，および電位分布には以下のような性質があります．

(1) 導体に帯電した電荷は表面のみに分布

　導体中では電荷が自由に動けるので，正負の電荷を等量与えると，それらは互いに結合し，導体の全電荷量は 0 となります．与えた電荷のうち，正または負の電荷が多ければ，クーロンの法則によって同種の電荷が反発し互いに遠ざかるため，電荷は導体の表面に分布します．

(2) 導体内部での電界は 0

　導体の表面に電荷が分布しているときは，電荷の動きが終了し平衡状態にあり

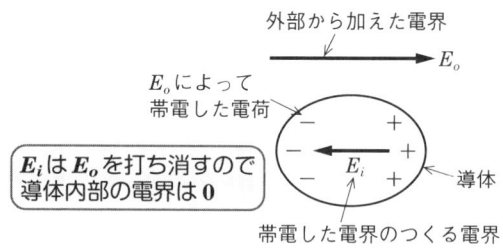

図 2·1 導体内部の電界

ます．もし，導体内部に電界が存在すれば，電荷は動くので，平衡状態となったときには導体内部に電界は存在しません．例えば，**図 2·1** のように，電荷を与えていない導体に外部から電界 E_o を加えたときを考えます．静電誘導によって導体の表面に電荷が現れますが，この静電誘導によって導体内部に生じる電界 E_i が E_o を打ち消すため導体内部に電界は存在しなくなります．

(3) 帯電した導体の表面は等電位面

導体に与えられた電荷は，平衡状態にあるため静止しています．したがって，導体表面に沿って電荷は移動できません．すなわち，導体表面に沿う電界は存在しないため，導体表面は等電位となります．

(4) 帯電した導体のすべての部分で電位は等しい

導体表面は〔3〕により等電位面となり，〔2〕から導体内部に電界が存在しないため，導体のすべての部分で電位は等しくなります．

(5) 導体表面での電気力線は導体表面に垂直

図 2·2 のように，導体表面での電気力線が導体表面に垂直でないとすると，導体表面に沿う電界 $E_{//}$ が生じて〔3〕に矛盾するため，導体表面での電気力線は垂直になります．

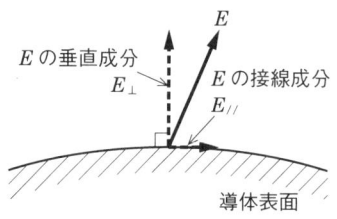

図 2·2 導体表面での電気力線

(6) 帯電した導体表面での電荷密度が σ [C/m^2] のとき,導体表面での電界 E は σ/ε_0 [V/m]

導体表面において,図 **2·3** のような微小のピルボックスを考えます.このピルボックス内の電荷量は σdS [C] なので,このピルボックスにガウスの定理を適用すれば

$$EdS = \frac{\sigma dS}{\varepsilon_0} \tag{2·1}$$

となり,$E = \sigma/\varepsilon_0$ が求められます.

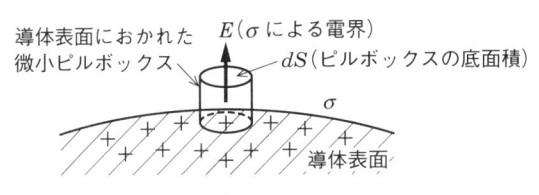

図 **2·3** 導体表面での電界

(7) 帯電した導体表面には外向きの張力

導体表面に帯電している電荷は正または負の1種類しか存在しないため,クーロン力によって反発力を生じ,導体表面では外向きの張力を生じます.

2 帯電体と電界

ガウスの定理を用いて,帯電体に一様に電荷が分布したときに生じる電界と電位を求めます.帯電体は直交直線 (x, y, z),円筒 (ρ, ϕ, z),球面 (r, θ, ϕ) 座標系の座標軸と形状が一致するものを選び,解析的に解を導出します.

一様に帯電した無限平板

単位面積あたり σ [C/m^2] の電荷密度で帯電している xy 面内に無限に広がる平面を考えます.この帯電体は電荷が平面内に無限広がって分布しているため,電界は平面に対して垂直な成分 E_z のみを持って,面の両側に出ていきます.ここで,図 **2·4** のような平面をはさむピルボックスを考え,ガウスの定理を適用します.ピルボックスは,上面 S_1,下面 S_2,側面 S_3 の三つの面に分割して考えます.また,ピルボックス内に存在する電荷量は,ピルボックスの断面積を A [m^2] とす

2章 帯電体と静電容量

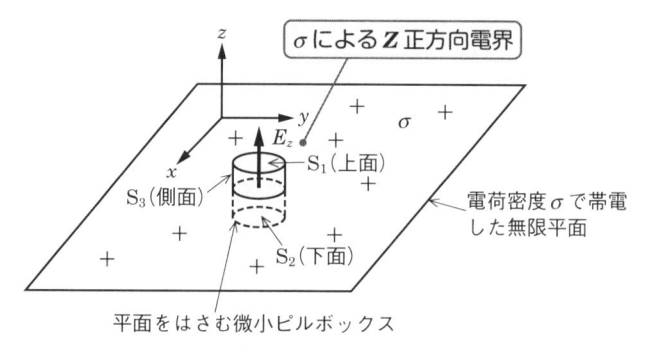

σによるZ正方向電界

図 2・4 | 一様に帯電した無限平面

れば，σA〔C〕となるので，ガウスの定理は次のように表せます．

$$\int_{S_1} \boldsymbol{E} \cdot \boldsymbol{n} dS + \int_{S_2} \boldsymbol{E} \cdot \boldsymbol{n} dS + \int_{S_3} \boldsymbol{E} \cdot \boldsymbol{n} dS = \frac{\sigma A}{\varepsilon_0} \tag{2・2}$$

一様に帯電した無限平面によって生じる電界は z 成分のみを持つため，ピルボックスの側面 S_3 では，電界と面の法線ベクトルが直交し，その面積積分は0となります．また，S_1 と S_2 では，法線ベクトルの向きが逆になることに注意すれば，式 (2・2) では S_1 と S_2 に関しての積分が残り，次式が得られます．

$$E_z A - E_z(-A) = \frac{\sigma A}{\varepsilon_0} \tag{2・3}$$

したがって，一様に帯電した無限平面による電界が次のように求められます．

$$E_z = \frac{\sigma}{2\varepsilon_0} \ \text{〔V/m〕} \tag{2・4}$$

E_z は，平面からの距離には依存せずに一定となり，このような電界を一様電界とよびます．

次に，この帯電体による電位分布を求めます．平面から距離 z〔m〕離れたところでの絶対電位 V_z を定義にしたがって計算すると，

$$V_z = -\int_\infty^z E_z dz = -\int_\infty^z \frac{\sigma}{2\varepsilon_0} dz = -\frac{\sigma}{2\varepsilon_0}[z]_\infty^z = \infty \ \text{〔V〕} \tag{2・5}$$

となり，無限大となります．これは，無限に広い平面か無限大の電荷を蓄えているからです．したがって，一様に帯電した無限平面からの電位は，z の位置に関わらず無限大となります．

ここで，**図 2・5** に示す AB 間の電位差 V_{AB} を求めると，

2 帯電体と電界

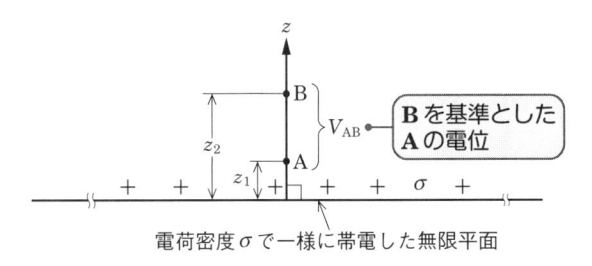

図 2・5 ｜一様に帯電した無限平面の電位

$$V_{AB}=-\int_{z_2}^{z_1}E_z dz=-\frac{\sigma}{2\varepsilon_0}[z]_{z_2}^{z_1}=\frac{\sigma}{2\varepsilon_0}(z_2-z_1)\ [\mathrm{V}] \qquad (2\cdot 6)$$

となります．

このように，AB 間の電位差は距離の差に比例した値として求められ，A, B の無限平面からの距離には依存しません．

A, B 点の電位はそれぞれ無限大ですが，A, B 間の電位差は有限値となります．

一様に帯電した無限長円柱

図 2・6 に示す半径 a [m] の無限長円柱が，単位長さあたり q [C/m] で，一様に電荷が分布しているものとします．z 軸方向のどの位置でも，円柱に対して直交する断面内での電界分布は同じになるので，電界は ρ 成分のみを持ちます．円柱の

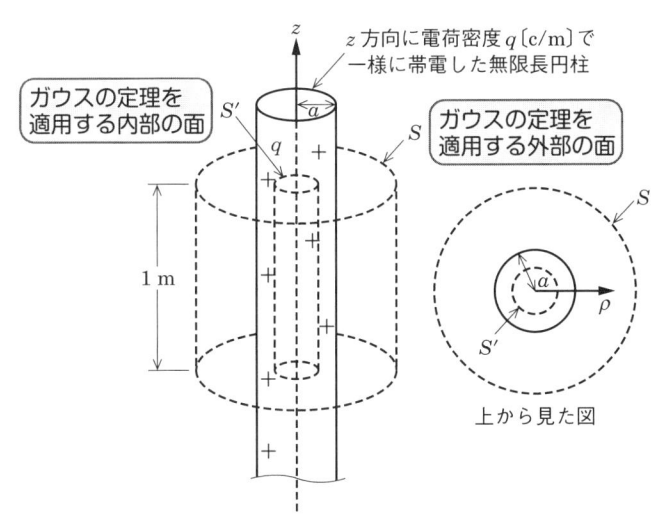

図 2・6 ｜一様に帯電した無限長円柱

外側については，z 方向の高さが 1 m の円柱状閉曲面 S を考えてガウスの定理を適用します．電界は ρ 成分のみを持ち，円柱の上下面では，E_ρ と面の法線ベクトルが直交するため，ガウスの定理での面積積分は側面のみで行います．

$$\int_S \boldsymbol{E} \cdot \boldsymbol{n} dS = \frac{q \times 1}{\varepsilon_0}$$

$$E_\rho \times 2\pi\rho \times 1 = \frac{q}{\varepsilon_0} \tag{2・7}$$

となり，したがって，無限長円柱外部での電界分布が次のように求められます．

$$E_\rho = \frac{q}{2\pi\varepsilon_0 \rho} \ \ [\mathrm{V/m}] \tag{2・8}$$

ただし，$\rho > a$

式 (2・8) において，円柱の半径 a が現れません．すなわち，円柱外部の電界を考えるときには，円柱の半径を考慮しなくてもよいので，$a = 0$ とした線状の帯電体による電界分布も式 (2・8) で表されます．

円柱の内部電界 E_ρ については，内部の半径 ρ [m]（$\rho < a$）の円柱を閉曲面 S′ としてガウスの定理を適用します．電荷が一様に帯電していることから閉曲面 S′ 内の電荷量 q' は次のように表すことができます．

$$q' = q \frac{\rho^2}{a^2} \ \ [\mathrm{C/m}] \tag{2・9}$$

この q' に対して，ガウスの定理を適用します．

$$\int_{S'} \boldsymbol{E} \cdot \boldsymbol{n} dS' = \frac{q' \times 1}{\varepsilon_0}$$

$$E_\rho \times 2\pi\rho \times 1 = \frac{q\rho^2}{\varepsilon_0 a^2} \tag{2・10}$$

以上より，一様に帯電した円柱内部での電界が次のように求められます．

$$E_\rho = \frac{q\rho}{2\pi\varepsilon_0 a^2} \ \ [\mathrm{V/m}] \tag{2・11}$$

ただし，$\rho \leq a$

これをグラフにすると図 **2・7** のようになります．円柱内部では半径 ρ に比例して増加しますが，外部では $1/\rho$ で減少します．

次に，円柱外部の電位分布を求めます．円柱の中心から距離 ρ [m] 離れたところでの電位は，定義にしたがって計算すると，

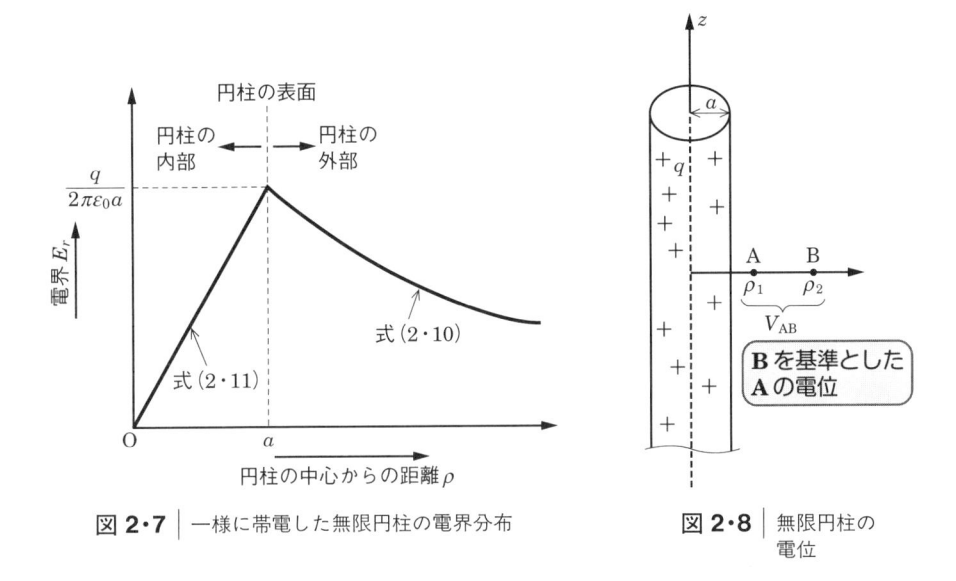

図 2・7 一様に帯電した無限円柱の電界分布

図 2・8 無限円柱の電位

$$V_\rho = -\int_\infty^\rho E_\rho d\rho = -\int_\infty^\rho \frac{q}{2\pi\varepsilon_0 \rho} d\rho = -\frac{q}{2\pi\varepsilon_0}[\ln \rho]_\infty^\rho = \infty \quad [\text{V}] \tag{2・12}$$

のように無限大となります。これは，円柱の長さが無限であるためで，無限の長さを持つ円柱は無限大の電荷を蓄えているからです。円筒外部での電位は，ρ の位置に関わらず無限大となりますが，**図 2・8** に示す A，B 2 点間の電位差を求めてみると，

$$V_{AB} = -\int_{\rho_2}^{\rho_1} E_\rho d\rho = -\frac{q}{2\pi\varepsilon_0}[\ln \rho]_{\rho_2}^{\rho_1} = \frac{q}{2\pi\varepsilon_0} \ln \frac{\rho_2}{\rho_1} \quad [\text{V}] \tag{2・13}$$

となり，2 点間の電位差は有限の値として求められます。

一様に帯電した球

半径 a [m] の球の内部に，Q [C] の電荷が一様に帯電している**図 2・9** のモデルを考えます。まず，球の外側において半径 r [m] の閉曲面 S をとり，ガウスの定理を適用します。球の内部には電荷が一様に帯電しているため，S の任意の点での電界は，球の対称性から等しくなります。電界の成分は，半径方向の r 方向成分 E_r のみが存在し，閉曲面 S の単位法線ベクトルと向きが一致します。S の内部の

(a) 球の外側の電界　　　　　　　　　　　　(b) 球の内部の電界

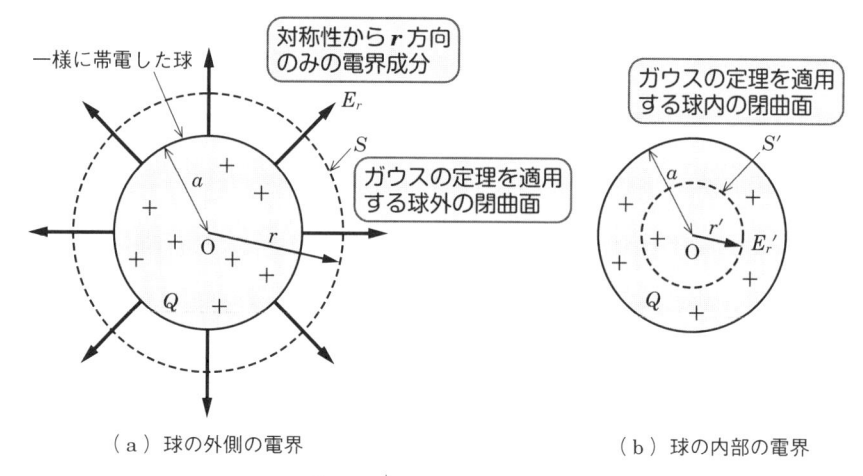

図 2・9 ｜ 一様に帯電した球

電荷量は Q〔C〕なので，ガウスの定理は次のようになります．

$$\int_S \boldsymbol{E} \cdot \boldsymbol{n} dS = \frac{Q}{\varepsilon_0}$$

$$E_r 4\pi r^2 = \frac{Q}{\varepsilon_0} \tag{2・14}$$

したがって，球の外側（$r>a$）の電界が次式で求められます．

$$E_r = \frac{Q}{4\pi\varepsilon_0 r^2} \ \ \text{〔V/m〕} \tag{2・15}$$

式（2・15）は式（1・4）で求めた点電荷による電界と同一であり，電荷が球状に一様に帯電しているならば，電荷の外側では点電荷とみなしてもよいこと示しています．

次に，球の内部の電界について，球の内部に半径 r'〔m〕の球面を閉曲面 S′ としてガウスの定理を適用します．閉曲面 S′ 内の電荷量 Q' は電荷が一様に帯電していることから次のように表すことができます．

$$Q' = Q\frac{r'^3}{a^3} \ \text{〔C〕} \tag{2・16}$$

Q' を用いて，ガウスの定理を表すと，

$$\int_{S'} \boldsymbol{E} \cdot \boldsymbol{n} dS' = \frac{Q'}{\varepsilon_0}$$

$$E_{r'} 4\pi r'^2 = \frac{Qr'^3}{\varepsilon_0 a^3} \tag{2・17}$$

2 帯電体と電界

となるので,帯電した球の内部での電界が次のように求められます.

$$E_{r'} = \frac{Qr'}{4\pi\varepsilon_0 a^3} \ \text{[V/m]} \tag{2・18}$$

一様に帯電した球の内外の電界が求められましたので,これをグラフにすると**図 2・10** のようになります.球内部では半径 r に比例して増加しますが,球の外部では r^2 に反比例して減少し,その値は原点に点電荷 Q [C] をおいたものと等価となります.

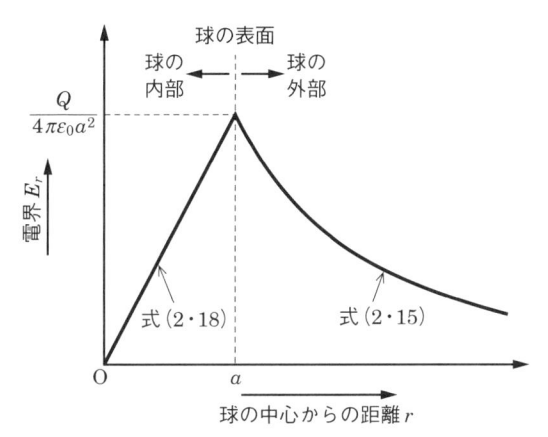

図 2・10 一様に帯電した球の電界分布

次に,球の内外の電位分布を求めます.球の外部については球の中心に点電荷があるものと等価なので,中心から距離 r [m] での絶対電位 V_r が次のように求められます.

$$V_r = \frac{Q}{4\pi\varepsilon_0 r} \ \text{[V]} \tag{2・19}$$

ここで,球の表面での絶対電位 V_a は式 (2・19) において,$r = a$ として与えられ,

$$V_a = \frac{Q}{4\pi\varepsilon_0 a} \ \text{[V]} \tag{2・20}$$

となります.したがって,球の内部での電位は,球の表面 $r = a$ と球の内部の点 r' との電位差に V_a を加えて次のように求められます.

$$V_{r'} = -\int_a^{r'} \frac{Qr'}{4\pi\varepsilon_0 a^3} dr' + \frac{Q}{4\pi\varepsilon_0 a} = \frac{Q}{8\pi\varepsilon_0 a^3}(3a^2 - r'^2) \ \text{[V]} \tag{2・21}$$

ここで,電位分布は**図 2・11** に示すように,球の内部では $-r'^2$ で減少し,球の外部では $1/r$ の分布となります.

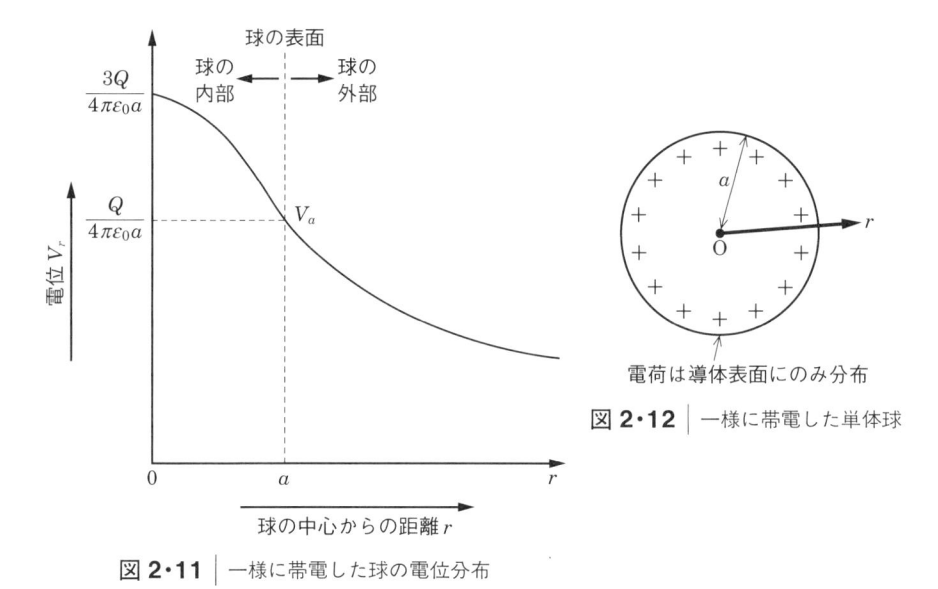

図 2・11　一様に帯電した球の電位分布

図 2・12　一様に帯電した単体球

　一様に帯電した球内外の電界と電位分布を求めましたが，導体球に帯電させると，**図 2・12** に示すように導体の性質から電荷は球の表面のみに分布します．したがって，球の外側において電界を求めるために，一様に帯電した球と同様に，球の外側にガウスの定理を適用する閉曲面をとれば，閉曲面内に存在する電荷量は同じであるので，その電界分布は式（2・15）で与えられます．しかし，球の内部には電荷が存在しないので，球内部にガウスの定理を適用する閉曲面をとると電界は 0 となります．以上より表面に帯電した半径 a〔m〕の球内外での電界分布は次のようになります．

$$E_r = \frac{Q}{4\pi\varepsilon_0 r^2} \quad (r > a) \quad 〔V/m〕 \tag{2・22}$$

$$E_r = 0 \quad (r < a) \quad 〔V/m〕 \tag{2・23}$$

また，球内外での電位分布は，球の外部では一様に帯電した球と同じに，また，球内部では一定となり，次式で与えられます．

$$V_r = \frac{Q}{4\pi\varepsilon_0 r} \quad (r \geq a) \quad 〔V〕 \tag{2・24}$$

$$V_r = \frac{Q}{4\pi\varepsilon_0 a} \quad (r < a) \quad 〔V〕 \tag{2・25}$$

3 静電容量

　帯電体が一つ，または二つあるときの静電容量の定義を示し，2節で求めた電界と電位分布の結果から，いくつかの具体例について静電容量を求め，またコンデンサの並列接続，直列接続についての合成容量を求めます．

静電容量の定義

　導体に電荷が帯電するときの条件と，帯電体によって生じる電界，電位分布について説明してきました．帯電体が存在するときに，その電荷量を増やせば，帯電体の電位も増加します．そこで帯電体が一つのみ存在するとき，帯電体の電荷量 Q〔C〕と絶対電位 V〔V〕の比を**静電容量** C〔F〕として，次のように定義します．

$$C = \frac{Q}{V} \ \text{〔F〕} \quad \text{または} \quad C\text{〔F〕} = \frac{Q}{V} \ \text{〔C/V〕} \tag{2・27}$$

　なお，帯電体は導体からなるものとして扱います．

　次に二つの導体 A，B が存在し，導体 A に Q〔C〕，導体 B に $-Q$〔C〕を与えたとき，それぞれの導体の絶対電位を V_A〔V〕，V_B〔V〕として，導体間の電位差を $V_{AB} = V_A - V_B$ と表すと，静電容量 C は次のように定義されます．

$$C = \frac{Q}{V_{AB}} \ \text{〔F〕} \tag{2・27}$$

　このような二つの導体によって電荷を蓄える素子を**コンデンサ**といいます．コンデンサの静電容量は，コンデンサに電荷を蓄える量を示すものとして重要な評価量です．なお，コンデンサの回路記号として**図 2・13** を用います．

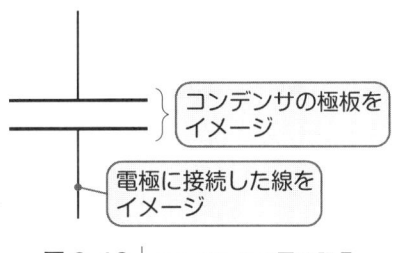

図 2・13 ｜ コンデンサの回路記号

単―の導体球の静電容量

半径 a〔m〕の導体球が一つだけ存在するときの静電容量を定義にしたがって求めます。式(2・25)より，Q〔C〕の電荷が帯電した導体球の表面の絶対電位 V_a〔V〕は次のように表すことができます。

$$V_a = \frac{Q}{4\pi\varepsilon_0 a} \quad \text{〔V〕} \tag{2・28}$$

したがって，帯電体が一つ存在するときの静電容量は，定義式 (2・26) から求められます。

$$C = 4\pi\varepsilon_0 a \quad \text{〔F〕} \tag{2・29}$$

静電容量の計算

(1) 平行平板コンデンサ

コンデンサのもっとも基本的な構造は，図 **2・14** に示すように面積 S〔m²〕の平板状導体 A，B 2 枚を，間隔 d〔m〕で十分に接近して平行に配置させたものです。導体 A に Q〔C〕，導体 B に $-Q$〔C〕の電荷を与えたとき，二つの導体が十分に接近していて，導体 A から出た電気力線が，すべて導体 B に入るものとします。このとき導体間の電界は，一様に帯電した無限平板による電界と同じように E_z 成分のみを持ちます。その分布は導体間で一様となり，上下導体板からの電界の和として次式により求められます。

$$E_z = \frac{\sigma}{2\varepsilon_0} + \frac{\sigma}{2\varepsilon_0} = \frac{\sigma}{\varepsilon_0} \quad \text{〔V/m〕} \tag{2・30}$$

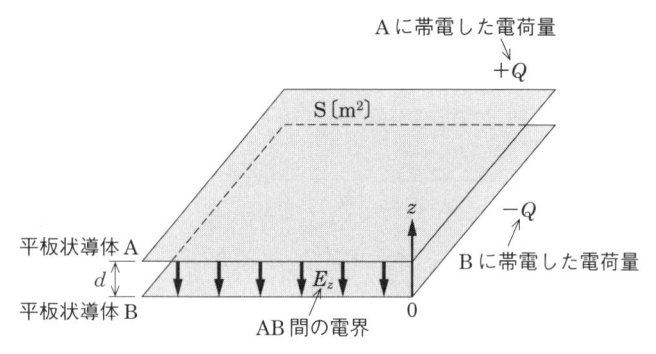

図 2・14 平行平板のコンデンサ

ただし，σ は平板上の単位面積あたりの電荷とします．平板上の電荷密度が $\sigma = Q/S$ であることから，

$$E_z = \frac{Q}{\varepsilon_0 S} \quad [\text{V/m}] \tag{2·31}$$

となります．したがって，導体間の電位差 V_{AB} は，電界の向きが $-z$ 方向であることに注意して次のように求められます．

$$V_{AB} = -\int_0^d E_z dz = -\int_0^d \left(-\frac{Q}{\varepsilon_0 S}\right) dz = \frac{Qd}{\varepsilon_0 S} \quad [\text{V}] \tag{2·32}$$

以上より，平行平板の静電容量が求められ，

$$C = \frac{Q}{V_{AB}} = \frac{\varepsilon_0 S}{d} \quad [\text{F}] \tag{2·33}$$

となります．

平行平板コンデンサの静電容量は，平板の面積 S に比例し平板間の間隔 d に反比例します．したがって，静電容量を大きくするためには，平板の面積を大きくし間隔をできるだけ狭くする必要があります．

(2) 同心円筒コンデンサ

アンテナからテレビへの給電線路として用いられている同軸線路をモデル化すると，図 **2·15** に示すように，半径 a [m] の内導体 A，半径 b [m] の外導体 B の同心円筒導体となります．単位長さあたり内導体 A に q [C/m]，外導体 B に $-q$ [C/m] の電荷を与えると，内導体から出た電気力線はすべて外導体に入るので，導体間の電界は一様に帯電した無限円筒による電界と同じ式(2·8)で表されます．

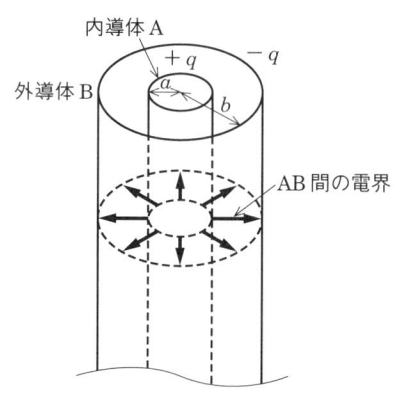

図 **2·15** | 同心円筒の静電容量

したがって，導体間の電位差は式 (2・13) において，$\rho_1=a$, $\rho_2=b$ として次のように求められます．

$$V_{AB}=\frac{q}{2\pi\varepsilon_0}\ln\frac{b}{a} \quad \text{[V]} \tag{2・34}$$

定義にしたがって，同心円筒の単位長さあたりの静電容量が求められ，

$$C=\frac{q}{V_{AB}}=\frac{2\pi\varepsilon_0}{\ln(b/a)} \quad \text{[F/m]} \tag{2・35}$$

となります．

(3) 同心球コンデンサ

図 **2・16** のような，内導体の半径 a[m]，外導体の半径が b[m] の同心導体球を考えます．内導体 A に Q[C]，外導体 B に $-Q$[C] の電荷を与えると，導体間の電界は一様に帯電した導体球による電界と同じ式 (2・15) で表されます．すなわち，

$$E_r=\frac{Q}{4\pi\varepsilon_0 r^2} \quad (a<r<b) \quad \text{[V/m]} \tag{2・36}$$

となり，これより，導体 A，B 間の電位差が次のように求められます．

$$\begin{aligned}V_{AB}&=-\int_b^a \frac{Q}{4\pi\varepsilon_0 r^2}dr\\&=\frac{Q}{4\pi\varepsilon_0 a}-\frac{Q}{4\pi\varepsilon_0 b} \quad \text{[V]}\end{aligned} \tag{2・37}$$

したがって，同心導体球の静電容量が次式で求められます．

$$C=\frac{Q}{V_{AB}}=\frac{4\pi\varepsilon_0 ab}{b-a} \quad \text{[F]} \tag{2・38}$$

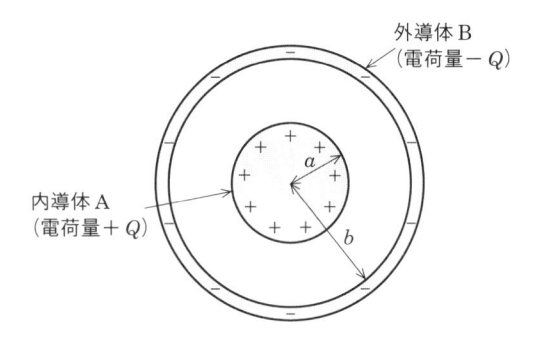

図 2・16 一様に帯電した導体球

❑ンデンサの接続

図 **2・17** に示すように，それぞれの容量が $C_1, C_2, \cdots, C_N$ である N 個のコンデンサを並列に接続したときを考えます．それぞれのコンデンサに与えられる電圧 V は並列接続なので同一となり，蓄えられる電荷を，それぞれ $Q_1, Q_2, \cdots, Q_N$ とするとき，全コンデンサに蓄えられる電荷 Q は次のようになります．

$$Q = Q_1 + Q_2 + \cdots + Q_N = C_1 V + C_2 V + \cdots + C_N V$$
$$= (C_1 + C_2 + \cdots + C_N) V \quad [\text{C}] \tag{2・39}$$

蓄えられる電荷は容量によって異なる

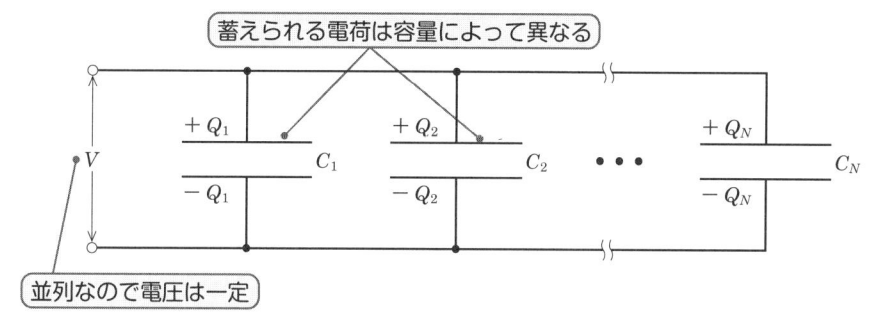

並列なので電圧は一定

図 2・17 │ コンデンサの並列接続

したがって，N 個のコンデンサを一つのコンデンサ C と考えたときの静電容量は，各コンデンサの静電容量の和として次のように求められます．

$$C = \frac{Q}{V} = C_1 + C_2 + \cdots + C_N \quad [\text{F}] \tag{2・40}$$

次に図 **2・18** のように，N 個のコンデンサの直列接続を考えます．それぞれのコンデンサに与えられる電荷 Q は同じとなるので，各コンデンサにかかる電圧を，$V_1, V_2, \cdots, V_N$ とするとき，全コンデンサの両端の電圧 V は次のようになります．

$$V = V_1 + V_2 + \cdots + V_N = \frac{Q}{C_1} + \frac{Q}{C_2} + \cdots + \frac{Q}{C_N} = \left(\frac{1}{C_1} + \frac{1}{C_2} + \cdots + \frac{1}{C_N}\right) Q \tag{2・41}$$

したがって，N 個のコンデンサを一つのコンデンサ C と考えたときの静電容量は，次のように表されます．

$$\frac{1}{C} = \frac{V}{Q} = \frac{1}{C_1} + \frac{1}{C_2} + \cdots + \frac{1}{C_N} \quad [\text{F}] \tag{2・42}$$

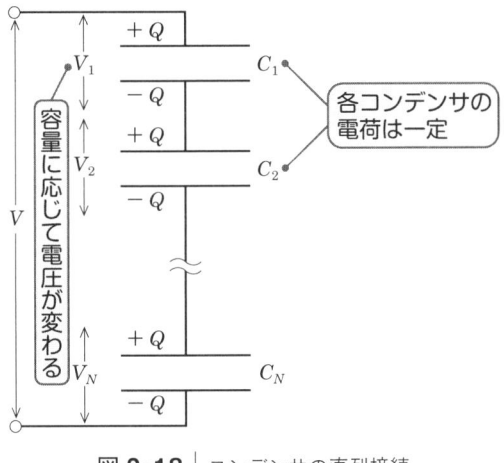

図 2・18 コンデンサの直列接続

以上よりコンデンサの直列接続での合成静電容量の逆数は，それぞれのコンデンサの静電容量の逆数の和に等しくなります．

4 電位係数と容量係数

導体が二つのときの静電容量は前節の例のように求められますが，導体が三つ以上存在する一般的な場合に，電位係数と容量係数を定義します．そして，同心球コンデンサを例として，電位係数と容量係数を求めてみます．また，電気的に導体系を分離する静電シールドについて説明します．

電位係数と容量係数の定義

図 2・19 のように，空間内に N 個の導体がある系を考えます．まず，導体 1 に 1C の単位電荷を与えて，それ以外の導体を 0C としたとき，各導体の絶対電位を $p_{i1}(i=2,3,\cdots,N)$ とします．同様にして，導体 j の電荷を 1C として，それ以外を 0C としたとき，各導体の絶対電位を $p_{ij}(i=1,2,\cdots,N)$ と定義します．ここで扱う問題は，重ね合わせの理が成り立つとすれば，各導体に Q_j〔C〕の電荷を与えたときの，各導体での電位 V_j は次のように表せます．

4 電位係数と容量係数

図 2・19 N 個の導体系

(a) 電位係数 — 導体 1 にのみ 1C を与える
(b) 容量係数 — 導体 1 の電位を 1V とする

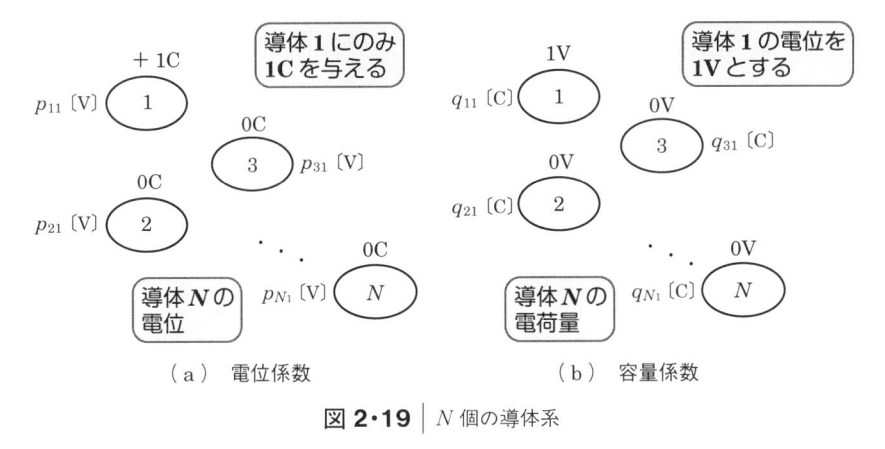

$$\begin{pmatrix} V_1 \\ V_2 \\ \vdots \\ V_N \end{pmatrix} = \begin{pmatrix} p_{11} & p_{12} & \cdots & p_{1N} \\ p_{21} & p_{22} & \cdots & p_{2N} \\ \vdots & \vdots & \vdots & \vdots \\ p_{N1} & p_{N2} & \cdots & p_{NN} \end{pmatrix} \begin{pmatrix} Q_1 \\ Q_2 \\ \vdots \\ Q_N \end{pmatrix} \quad (2\cdot43)$$

ここで，p_{ij} を**電位係数**とよびます．電位係数は，導体の形状とその配置のみで決定され，与える電荷量には依存しません．また，電位係数の行列は対称性，$p_{ij} = p_{ji}$ が成り立ち，$p_{ii} > 0$，$p_{ij} \geq 0$ の条件を満たします．

次に，式（2・44）の逆行列を次のように表します．

$$\begin{pmatrix} Q_1 \\ Q_2 \\ \vdots \\ Q_N \end{pmatrix} = \begin{pmatrix} q_{11} & q_{12} & \cdots & q_{1N} \\ q_{21} & q_{22} & \cdots & q_{2N} \\ \vdots & \vdots & \vdots & \vdots \\ q_{N1} & q_{N2} & \cdots & q_{NN} \end{pmatrix} \begin{pmatrix} V_1 \\ V_2 \\ \vdots \\ V_N \end{pmatrix} \quad (2\cdot44)$$

この行列によって定義される q_{ii} を**容量係数**，また $q_{ij}(i \neq j)$ を誘導係数とよび，$q_{ij} = q_{ji}$，$q_{ii} > 0$，$q_{ij} \leq 0$ の関係が成り立ちます．**容量係数**は，導体 i のみに 1V の電位を与え，それ以外を 0V としたときに，導体 i が蓄える電荷量です．また，そのときに導体 i 以外に静電誘導によって現れる電荷量が誘導係数であるので，q_{ij} の符号は負となります．

同心球コンデンサの電位係数と容量係数

電位係数と容量係数について，図 **2・20**(a)に示す内導体 1 の半径 a〔m〕，外導体 2 の内半径 b〔m〕，外半径 c〔m〕の同心球コンデンサを例として求めてみます．

2章 帯電体と静電容量

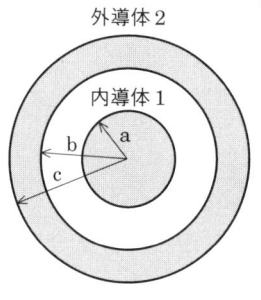

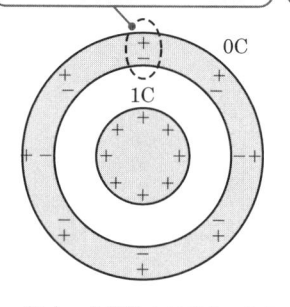

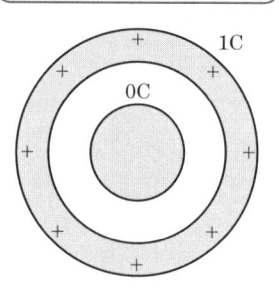

（a）コンデンサのパラメータ　（b）内導体1にのみ1Cを与えたとき　（c）外導体2にのみ1Cを与えたとき

図 2・20 同心球コンデンサ

まず，内導体1に1C，外導体2に0Cの電荷を与えたときには，図2・19 (b) のように，導体の性質から内導体1の表面に正の電荷が帯電します．このとき，静電誘導によって外導体の内側に負の電荷が，また，外側に正の電荷が帯電します．電位係数の定義により，導体1，2の電位が電位係数 p_{11}，p_{21} となり，対称性から電界は E_r 成分のみを持つので以下のように求められます．

$$p_{11} = -\int_{\infty}^{c} E_r dr - \int_{b}^{a} E_r dr \quad [1/\mathrm{F}] \tag{2・45}$$

$$p_{21} = -\int_{\infty}^{c} E_r dr \quad [1/\mathrm{F}] \tag{2・46}$$

ここで，$a<r<b$ での電界 E_r〔V/m〕を求めるため，ガウスの定理を適用すれば，その内部にある電荷量は1Cなので，内導体の中心に1Cの点電荷があるものと電界は等価となり，次式で与えられます．

$$E_r = \frac{1}{4\pi\varepsilon_0 r^2} \quad [\mathrm{V/m}] \tag{2・47}$$

また，外導体2の電荷量が0Cで，$r<c$ にある電荷の総量は1Cとなり，$r>c$ での電界 E_r〔V/m〕は式（2・47）と同様の分布となります．以上より，電位係数 p_{11}，p_{21} が次のように求められます，

$$p_{11} = -\int_{\infty}^{c} \frac{1}{4\pi\varepsilon_0 r^2} dr - \int_{b}^{a} \frac{1}{4\pi\varepsilon_0 r^2} dr = \frac{1}{4\pi\varepsilon_0}\left(\frac{1}{c} + \frac{1}{a} - \frac{1}{b}\right) \quad [1/\mathrm{F}] \tag{2・48}$$

4 電位係数と容量係数

$$p_{21} = -\int_{\infty}^{c} \frac{1}{4\pi\varepsilon_0 r^2} dr = \frac{1}{4\pi\varepsilon_0 c} \quad [1/\mathrm{F}] \tag{2・49}$$

次に内導体1に0C,外導体2に1Cを与えたときには,図2・19(c)に示すように,外導体の外側にのみ正の電荷が帯電します.このとき,内導体と外導体の内側には電荷を生じないので,$a<r<b$には電界が生じません.したがって,外導体と内導体の電位は等しくなり,電位係数 p_{12}, p_{22} は以下のように求められます.

$$p_{12} = \frac{1}{4\pi\varepsilon_0 c} \quad [1/\mathrm{F}] \tag{2・50}$$

$$p_{22} = \frac{1}{4\pi\varepsilon_0 c} \quad [1/\mathrm{F}] \tag{2・51}$$

式(2・43)にしたがって電位係数を表すと,次のようになります.

$$\begin{pmatrix} V_1 \\ V_2 \end{pmatrix} = \begin{pmatrix} \frac{1}{4\pi\varepsilon_0}\left(\frac{1}{c}+\frac{1}{a}-\frac{1}{b}\right) & \frac{1}{4\pi\varepsilon_0 c} \\ \frac{1}{4\pi\varepsilon_0 c} & \frac{1}{4\pi\varepsilon_0 c} \end{pmatrix} \begin{pmatrix} Q_1 \\ Q_2 \end{pmatrix} \tag{2・52}$$

容量係数 q_{ij} は,電位係数の逆行列として次式により求められます.

$$\begin{pmatrix} q_{11} & q_{12} \\ q_{21} & q_{22} \end{pmatrix} = \begin{pmatrix} p_{11} & p_{12} \\ p_{21} & p_{22} \end{pmatrix}^{-1} \tag{2・53}$$

以下により式(2・53)を計算することによって容量係数が以下のように求められます.

$$q_{11} = \frac{4\pi\varepsilon_0}{\frac{1}{a}-\frac{1}{b}} \quad [\mathrm{F}] \tag{2・54}$$

$$q_{12} = q_{21} = -\frac{4\pi\varepsilon_0}{\frac{1}{a}-\frac{1}{b}} \quad [\mathrm{F}] \tag{2・55}$$

$$q_{22} = \frac{4\pi\varepsilon_0\left(\frac{1}{a}-\frac{1}{b}+\frac{1}{c}\right)}{\frac{1}{c}\left(\frac{1}{a}-\frac{1}{b}\right)} \quad [\mathrm{F}] \tag{2・56}$$

静電シールド

図 **2・21** に示すように,導体1を導体2が取り囲み,その外側に導体3があります.そのとき,導体2が0Vになるように接地されているものとします.導体2が接地されているので,導体1に電荷を与えても,導体3には電荷を生じません.

図 2・21 静電シールド

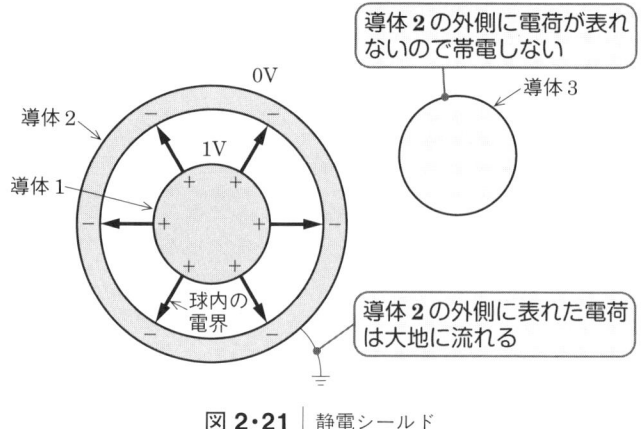

このとき，誘導係数において $q_{31}=0$, 対称性より $q_{13}=0$ となるので，容量係数と誘導係数の行列は次のように表せます．

$$\begin{pmatrix} Q_1 \\ Q_2 \\ Q_3 \end{pmatrix} = \begin{pmatrix} q_{11} & q_{12} & 0 \\ q_{21} & q_{22} & q_{23} \\ 0 & q_{32} & q_{33} \end{pmatrix} \begin{pmatrix} V_1 \\ V_2 \\ V_3 \end{pmatrix} \quad (2\cdot57)$$

このとき，導体2を接地しているのでその電位 V_2 が0となることから，以下の式が得られます．

$$Q_1 = q_{11} V_1 \quad (2\cdot58)$$
$$Q_2 = q_{21} V_1 + q_{23} V_3 \quad (2\cdot59)$$
$$Q_3 = q_{33} V_3 \quad (2\cdot60)$$

ここで，Q_1 は V_1 のみに，また，Q_3 は V_3 のみによって決まり，お互いに電気的に無関係になります．このように，接地された導体によって，導体系を電気的に無関係な導体群に分けることを，**静電シールド**，または**静電遮へい**といいます．

5 イメージ法

空間内に帯電体が存在するときに生じる電界分布を，ガウスの定理などによって求めてきました．ここでは，帯電体以外に導体があるときに，静電誘導によって導体表面に生じる電荷分布や，そのときの電界分布について，イメージ法を用いて求めます．

5 イメージ法

無限導体平面と点電荷

図 2・22 のように無限に広がる導体表面から距離 d [m] のところに，Q [C] の点電荷があるものとします．点電荷から出た電気力線は，導体表面での境界条件から導体に対して垂直に入ります．ここで，図 2・23 のように，導体表面を対称面として $z=-d$ の位置に $-Q$ [C] の電荷をおいたときを考えます．導体表面に相当する $z=0$ の面は二つの絶対値の等しい正負の電荷からの距離が等しいので，その電位は 0 となります．したがって，$z≧0$ の領域の電界分布は，無限導体の上に点電荷があるとき（図 2・21）と等しくなります．このように，導体表面での境界条件を満足するように，図 2・23 の $z=-d$ においた $-Q$ [C] の電荷を $z=-d$ にあ

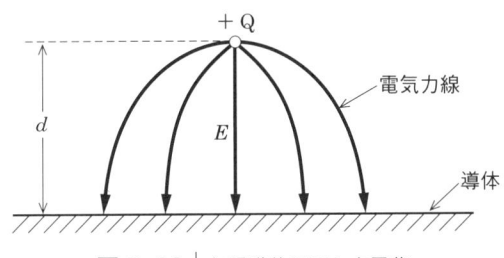

図 2・22 │ 無限導体平面と点電荷

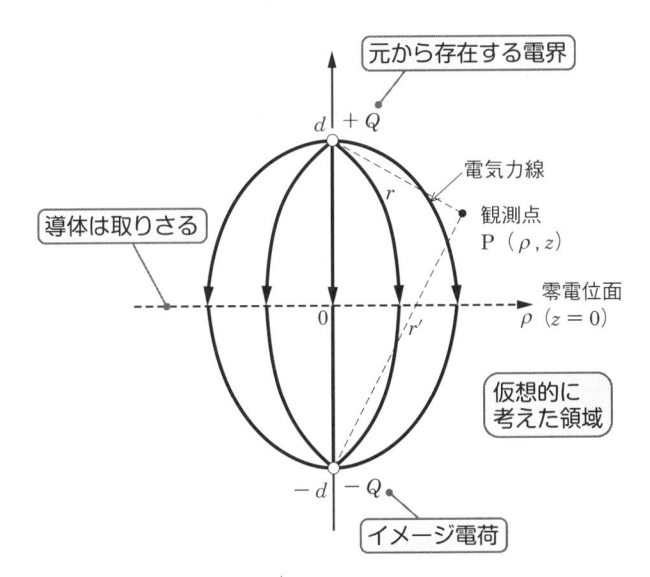

図 2・23 │ 影像電荷のある場合

る電荷 Q の**イメージ**（影像）**電荷**とよび，イメージ電荷を用いて導体の影響を考慮する手法を**イメージ法**または**影像法**といいます．

このイメージ法により，図 2・22 に示す無限導体平面から距離 d〔m〕の位置に点電荷があるときの電界分布，および導体表面での電荷分布を求めます．$z>0$ の空間内の任意の点 $P(\rho, z)$ での電位 V_P は，イメージ電荷を考えると図 2・23 の座標系を用いて次のようになります．

$$V_P = \frac{Q}{4\pi\varepsilon_0}\left(\frac{1}{r}-\frac{1}{r'}\right) \text{〔V〕}$$

$$= \frac{Q}{4\pi\varepsilon_0}\left(\frac{1}{\sqrt{\rho^2+(d-z)^2}}-\frac{1}{\sqrt{\rho^2+(d+z)^2}}\right) \text{〔V〕} \quad (2\cdot61)$$

$z=0$ の導体表面では，等電位であるので電気力線が垂直となって電界は z 成分しか存在せず，電位のこう配から E_z 成分が次のように求められます．

$$E_z = -\frac{\partial V_P}{\partial z} = -\frac{Qd}{2\pi\varepsilon_0(d^2+\rho^2)^{(3/2)}} \text{〔V/m〕} \quad (2\cdot62)$$

したがって，1 節の (6) より，導体表面での電荷密度分布 σ が次式により求められ，その分布は**図 2・24** のようになります．

$$\sigma = \varepsilon_0 E_z = -\frac{Qd}{2\pi(d^2+\rho^2)^{(3/2)}} \text{〔C/m}^2\text{〕} \quad (2\cdot63)$$

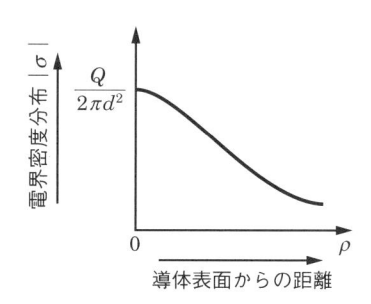

図 2・24 導体表面での電荷分布

無限導体平板と円柱帯電体

大地の上に線路があるときをモデル化すると，**図 2・25** (a) のように無限導体平面からの距離 h〔m〕の位置に，半径 a〔m〕で単位長さあたり q〔C/m〕で帯電した無限円柱の帯電体があるとみなせます．ここでは，この円柱帯電体の単位長さあたりの静電容量をイメージ法によって求めてみます．

5 イメージ法

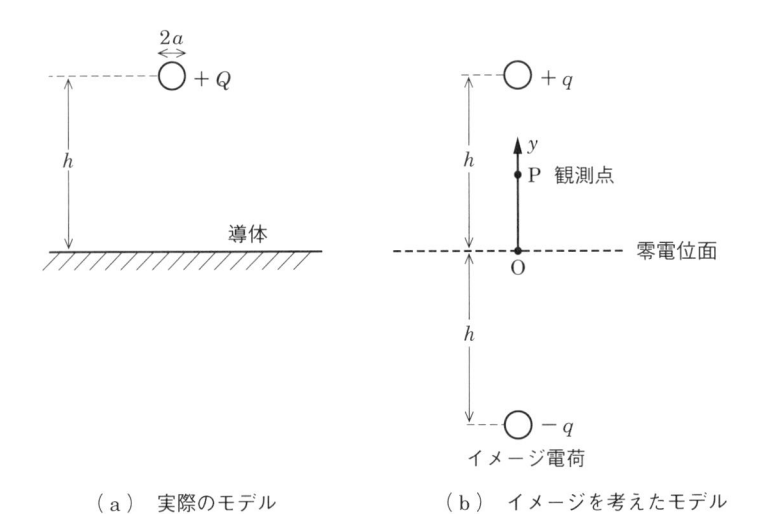

図 2・25 無限導体平面上の円筒帯電体

（a）実際のモデル　　　（b）イメージを考えたモデル

無限導体平面と点電荷の例と同様に，図 2・25(b) のように導体平面を対称面とした位置に $-q$ [C/m] のイメージ電荷を考えると，導体平面上では電界が垂直となり境界条件を満足します．このとき y 軸上の P 点での電界は y 成分のみを持ち，その向きは y 軸の負の方向を向くことに注意すれば，式 (2・8) を用いて次のように求められます．

$$E_y = -\frac{q}{2\pi\varepsilon_0}\left(\frac{1}{h-y}+\frac{1}{h+y}\right) \text{ [V/m]} \quad (2・64)$$

イメージ法により電界 y 軸上での電界が求められたので，図 2・25(a) で示す無限円柱と無限平板の電位差は次のように計算されます．

$$V = -\int_0^{h-a} E_y\,dy = \frac{q}{2\pi\varepsilon_0}\ln\left(\frac{2h-a}{a}\right) \text{ [V]} \quad (2・65)$$

したがって，帯電体間の単位長さあたりの静電容量は次のように求められます．

$$C = \frac{q}{V} = \frac{2\pi\varepsilon_0}{\ln\left(\dfrac{2h-a}{a}\right)} \text{ [F/m]} \quad (2・66)$$

ここで，円柱の半径 a が h に比べて十分小さいと仮定すると，式 (2・66) は次のように近似できます．

$$C \simeq \frac{2\pi\varepsilon_0}{\ln\left(\dfrac{2h}{a}\right)} \text{ [F/m]} \quad (2・67)$$

球形導体と点電荷

次に，図 **2·26** に示す接地された半径 a 〔m〕の導体球の中心 O から，距離 d 〔m〕離れた点 P に Q 〔C〕の点電荷が存在する例について考えます．このモデルは x 軸に対して回転対称なので，x 軸上の点 P′ にイメージ電荷 Q' 〔C〕をおいて導体球表面で，電位が 0 となる条件を求めてみます．

原点 O から距離 a 〔m〕の点 A において，$\overline{OP}$ と $\overline{OA}$ のなす角を θ とすれば，三角形 OAP に余弦定理を適用して，$\overline{AP}$ と $\overline{AP'}$ は以下のように表されます．

$$\overline{AP} = \sqrt{a^2 + d^2 - 2ad\cos\theta} \quad \text{〔m〕} \tag{2·68}$$

$$\overline{AP'} = \sqrt{a^2 + x^2 - 2ax\cos\theta} \quad \text{〔m〕} \tag{2·69}$$

したがって，二つの点電荷による点 A での電位 V_P が次のように求められます．

$$\begin{aligned} V_A &= \frac{1}{4\pi\varepsilon_0}\left(\frac{Q}{\overline{AP}} + \frac{Q'}{\overline{AP'}}\right) \\ &= \frac{1}{4\pi\varepsilon_0}\left(\frac{Q}{\sqrt{a^2+d^2-2ad\cos\theta}} + \frac{Q'}{\sqrt{a^2+x^2-2ax\cos\theta}}\right) \quad \text{〔V〕} \end{aligned} \tag{2·70}$$

ここで，導体球が接地されていることから，導体球の表面上，すなわち，式 (2·70) 中での任意の θ に対して，$V_A = 0$ が成り立ちます．したがって，

$$\frac{Q}{\sqrt{a^2+d^2-2ad\cos\theta}} = \frac{-Q'}{\sqrt{a^2+x^2-2ax\cos\theta}} \quad \text{〔V〕} \tag{2·71}$$

となり，式 (2·71) を θ に対する恒等式とみなすと，次式が得られます．

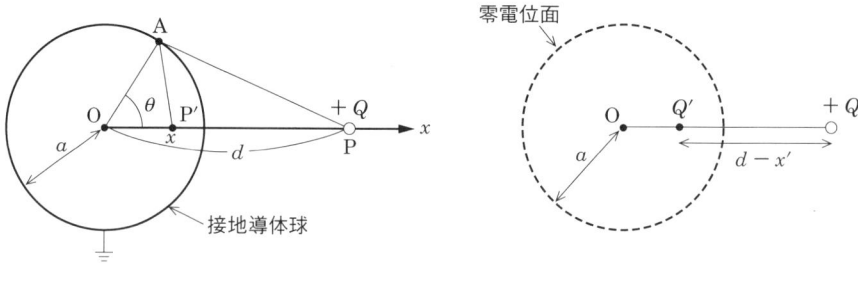

(a) 解析モデル　　　　　　　　(b) イメージ法によるモデル

図 2·26 ｜接地導体球と点電荷

5 イメージ法

$$Q^2(a^2+x^2)-(-Q')^2(a^2+d^2)-2a\{Q^2x-(-Q')^2d\}\cos\theta=0 \tag{2・72}$$

以上より，任意の θ に対して式 (2・72) が成立するための方程式が次のように求められます．

$$Q^2x=(-Q')^2d, \quad Q^2(a^2+x^2)=(-Q')^2(a^2+d^2) \tag{2・73}$$

式 (2・73) から Q，Q' を消去すると次式が得られます．

$$\left(x-\frac{a^2}{d}\right)(x-d)=0 \tag{2・74}$$

$x=d$ では，影像電荷が実際の点電荷と同一の位置となり，空間内のすべての電位を 0 としてしまうので，影像電荷の条件は以下のように求められます．

$$x=\frac{a^2}{d}, \quad Q'=-Q\frac{a}{d} \tag{2・75}$$

以上のようにして接地導体球と点電荷が存在するときの影像電荷の条件が求められました．図 2・26 (b) のようにこの例の電位と電界は空間に Q と Q' の二つの電荷が存在するモデルを考えればよいことになります．

練習問題

【1】 半径 $a=1\,\mathrm{m}$ の導体球の静電容量はいくらですか．

【2】 1辺が $1\,\mathrm{m}$ の正方形金属板2枚を，間隔 $d=1\,\mathrm{mm}$ で平行に配置したときの静電容量はいくらですか．

【3】 図 2・20(a)において，$a=0.1\,\mathrm{m}$，$b=0.2\,\mathrm{m}$，$c=0.3\,\mathrm{m}$ のときの電位係数，容量係数および誘導係数を求めなさい．

【4】 図 2・27 に示すように 2 枚の無限平板が間隔 $d\,[\mathrm{m}]$ でおかれて，それぞれ $\pm\sigma\,[\mathrm{C/m^2}]$ の電荷密度で帯電しているとき，z 軸上 ($z>0$) での電位を z の関数として表しなさい．

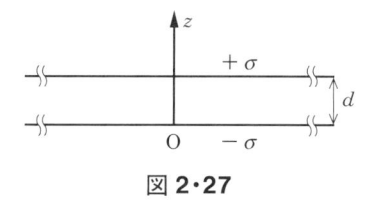

図 2・27

【5】 半径 $a\,[\mathrm{m}]$ の無限円柱が単位長さあたり $q\,[\mathrm{C/m}]$ で一様に帯電しているとき，円柱内部の電位を円柱の外側 $\rho=a$ を基準として求めなさい．

【6】 半径 $1\,\mathrm{m}$ の導体球に $1\,\mathrm{C}$ の電荷が一様に帯電しているとき，導体表面での電荷密度，導体表面での電界，および導体表面に働く張力を求めなさい．

【7】 半径 $a\,[\mathrm{m}]$ の 2 本の無限平行導線間の間隔が $d\,[\mathrm{m}]$ であるとき，単位長さあたりの容量を求め，$a=0.5\,\mathrm{mm}$，$d=1\,\mathrm{cm}$ のときの値を求めなさい．

【8】 2 個の導体の静電容量を電位係数，容量係数および誘導係数を用いて表しなさい．

3章 誘電体

→ 絶縁体は電気を通しませんが，電界を外部から加えると分極という電気的な現象を生じます．この現象を電磁気学的に扱うために，誘電率や電束というものを用いて説明することができます．さらに電磁気学的には誘電体である絶縁体をコンデンサに利用することで，その静電容量を大きくでき実用的に重要な役割を果たします．

→ 本章では真空中で扱ってきた電荷と電界の性質を，誘電体が存在するときに拡張するために分極という現象を説明した後，誘電率と電束を定義します．そして異なる誘電体が接しているときの境界面での条件を電界と電束に対して導きます．また，工学的にも重要な誘電体を用いたコンデンサの特性を議論し，その内部でのエネルギーから電界が蓄えるエネルギーを求め，エネルギーの変化量から電界によって働く力の求め方を説明します．

1 誘電体

1章で説明したように自由電子を生じない物質を絶縁体と定義しました．絶縁体には自由電子が存在しないので電荷の移動は起こりません．しかし，絶縁体に電界をかけると，絶縁体中でなんらかの電気的な作用が生じ，異なった絶縁体ではそれぞれに異なった電気的な性質を示します．このように絶縁体においても，電気的な作用が生じるため，絶縁体を**誘電体**とよびます．

誘電体が存在するときの物理的振る舞いを，原子のマクロ構造と分極の概念を用いて説明します．そして，分極によって，誘電体中の電界がどのように変化するのか，また，コンデンサに誘電体を用いたときの静電容量への効果を調べます．

分極

これまで扱ってきたのは，真空中または，導体が存在するときの電荷分布とそれによって生じる電界でした．誘電体が存在するときの，電荷間に働く力や，電荷分布を求めるために，まず，誘電体を構成する絶縁体原子のマクロ的な構造に

ついて考えます．

1章1節で示したように原子を電磁気学的な立場からみると，正と負の電荷が原子内に存在している**図3・1**(a)のモデルが考えられます．絶縁体原子中の電子は，導体原子の電子と異なり，異なる物質とこすり合わせたり，外部から電界を加えても，電子が他の原子に移動することはありません．このような原子で構成される物質に外部から電界を印加したときについて詳しく考えます．

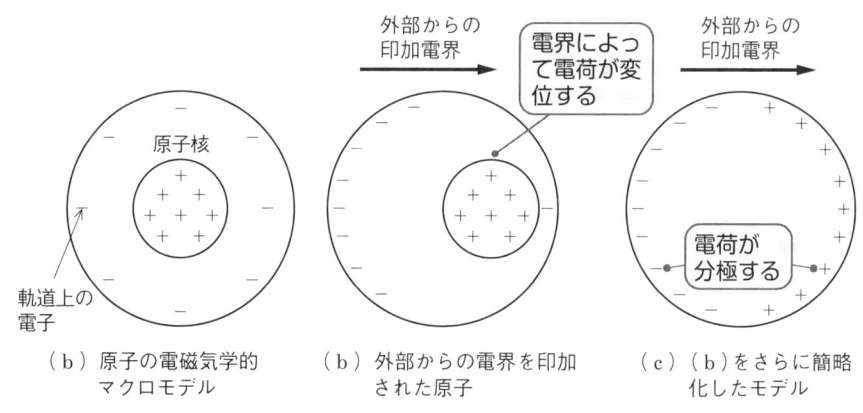

（b）原子の電磁気学的マクロモデル　　（b）外部からの電界を印加された原子　　（c）（b）をさらに簡略化したモデル

図3・1 外部から電界を印加した誘電体原子

図3・1(b)のように，外部から電界を印加された原子は，正負の電荷が電界によって力を受け原子内で変位します．しかし，導体のように電子が原子から外へ飛び出すことはありません．このときの変位によって，図3・1(c)に示すように原子の右端が正，左端が負に帯電したモデルが考えられます．このように，原子一つの中で正負の電荷が分かれて生じることを**分極**といいます．

次に誘電体を電極で挟み電界を加えたときを考えます．誘電体を構成している原子は，外部電界によって分極が生じます．多数の原子が存在すると電界が印加されたすべての原子が分極し，**図3・2**(a)のように原子が整列します．このとき，誘電体中の隣接する原子では，互いに等量の正負の電荷が現れ，全体としては図3・2(b)のように，電極に接するところに分極した電荷が現れるようにみえます．電極によって与えられた電荷密度を，**真電荷**密度 σ_t [C/m^2]，また，分極によって電極面に現れた電荷を，**分極電荷**密度 σ_p [C/m^2] とよびます．なお，正の真電荷の面には負の分極電荷が，また，負の真電荷の面には正の分極電荷が現れます．

1 誘電体

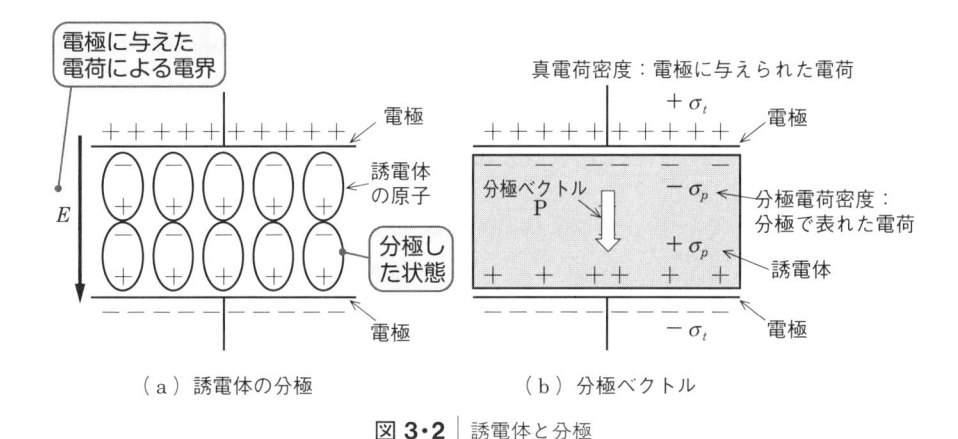

図 3・2 誘電体と分極

(a) 誘電体の分極
(b) 分極ベクトル

ここで，分極電荷の負から正に向かうベクトルを分極ベクトル P と定義し，その大きさは分極電荷密度に等しいものとします．すなわち，

$$P = \sigma_p \ [\mathrm{C/m^2}] \tag{3・1}$$

となります．

誘電体中の電界

誘電体に電界を印加すると分極電荷が現れることを説明しました．分極によって誘電体中の電界がどのように変化するのかを，図 **3・3** に示す極板間の距離 d 〔m〕が十分に狭い平行平板コンデンサを例として考えます．

(a) コンデンサ
(b) 誘電体を挿入した誘電体

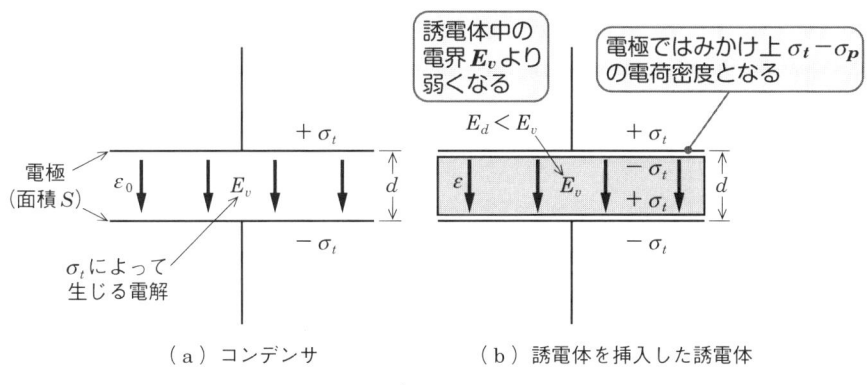

図 3・3 誘電体中の電界

電極の電荷密度を σ_t〔C/m²〕,真空中の誘電率を ε_0 として,誘電体が挿入されていない図 3・3(a) のコンデンサ内の電界 E_v〔V/m〕は,式 (2・30) より求められ,次のようになります.

$$E_v = \frac{\sigma_t}{\varepsilon_0} \ \text{〔V/m〕} \tag{3・2}$$

次に図 3・3(b) のようにコンデンサ内に誘電率が ε の誘電体を挿入したときを考えます.誘電体が存在することによって,極板に面して分極電荷密度 σ_p〔C/m²〕が現れます.したがって,電極での見かけの電荷密度は $\sigma_t - \sigma_p$〔C/m²〕となり,誘電体中の電界 E_d〔V/m〕は次式のようになります.

$$E_d = \frac{\sigma_t - \sigma_p}{\varepsilon_0} \ \text{〔V/m〕} \tag{3・3}$$

ここで,誘電体中の電界を ε を用いて次のように表せるものとします.

$$E_d = \frac{\sigma_t}{\varepsilon} \ \text{〔V/m〕} \tag{3・4}$$

したがって,式 (3・3) と式 (3・4) から,ε と ε_0 の比 ε_r を求めると

$$\varepsilon_r = \frac{\varepsilon}{\varepsilon_0} = \frac{\sigma_t}{\sigma_t - \sigma_p} \tag{3・5}$$

が得られます.このとき,ε_r を**比誘電率**とよび,式 (3・5) より誘電体中の分極電荷密度が大きくなり,σ_p が σ_t に近いほど,その値は大きくなります.比誘電率を用いて式 (3・4) は次のように表せます.

$$E_d = \frac{\sigma_t}{\varepsilon_r \varepsilon_0} \ \text{〔V/m〕} = \frac{1}{\varepsilon_r} E_v \ \text{〔V/m〕} \tag{3・6}$$

これより,電極に与える真電荷密度が一定のとき,誘電体中の電界 E_d〔V/m〕は,誘電体を挿入しないときに比べて,$1/\varepsilon_r$ 倍だけ弱くなることがわかります.

また,比誘電率 ε_r と真電荷密度 σ_t〔C/m²〕を用いて分極電荷密度 σ_p〔C/m²〕を表すと,式 (3・3) と式 (3・6) より次式が求められます.

$$\sigma_p = \frac{\varepsilon_r - 1}{\varepsilon_r} \sigma_t \ \text{〔C/m²〕} \tag{3・7}$$

ここで,式 (3・6) を用いて,σ_p は E_d で表すと,次のようになります.

$$\sigma_p = \varepsilon_0 (\varepsilon_r - 1) E_d \ \text{〔C/m²〕} \tag{3・8}$$

分極電荷密度 σ_p は,式 (3・1) より,分極ベクトルと大きさが等しいため,その方向を考慮すれば次のように表せます.

$$\boldsymbol{P} = \varepsilon_0 (\varepsilon_r - 1) \boldsymbol{E}_d \ \text{〔C/m²〕} \tag{3・9}$$

1 誘電体

誘電体と静電容量

　誘電体をコンデンサ内に挿入したときの電界は，式(3・6)に示すように真空中に比べて $1/\varepsilon_r$ となります．ここで，このときの誘電体と静電容量の関係について考えます．図3・3に示すコンデンサの極板の面積を $S[\mathrm{m}^2]$ とすると，電極の真電荷密度が $\sigma_t[\mathrm{C/m}^2]$ のときの電荷量は次のようになります．

$$Q = \sigma_t S \quad [\mathrm{C}] \tag{3・10}$$

極板に与える電荷量を $Q[\mathrm{C}]$ として，誘電体を挿入したときと，挿入しないときの，コンデンサの極板間電圧，静電容量を，それぞれ，V_d，V_v，C_d，C_v とすれば，以下の関係式が式(2・28)より求められます．

$$C_d = \frac{Q}{V_d} \quad [\mathrm{F}], \quad C_v = \frac{Q}{V_v} \quad [\mathrm{F}] \tag{3・11}$$

極板の間隔 $d[\mathrm{m}]$ が十分に短いものとすれば，コンデンサ内の電界は一様となり，極板間電圧は以下のように表されます．

$$V_d = E_d d \quad [\mathrm{V}], \quad V_v = E_v d \quad [\mathrm{V}] \tag{3・12}$$

以上より，誘電体を挿入したときと，挿入していないときの静電容量の比は

$$\frac{C_d}{C_v} = \frac{Q/V_d}{Q/V_v} = \frac{V_v}{V_d} = \frac{E_v}{E_d} = \varepsilon_r \tag{3・13}$$

となり，誘電体を用いることによって，コンデンサの静電容量は ε_r 倍だけ増加します．したがって，誘電体を挿入した平行平板コンデンサの容量は次のようになります．

$$C_d = \frac{\varepsilon_r \varepsilon_0 S}{d} \tag{3・14}$$

　また，コンデンサに加える電圧を $V[\mathrm{V}]$ と一定にしたとき，誘電体を挿入したときと，しないときのコンデンサに蓄えられる電荷量 Q_d，Q_v は以下のようになります．

$$Q_d = C_d V \quad [\mathrm{C}], \quad Q_v = C_v V \quad [\mathrm{C}] \tag{3・15}$$

したがって，コンデンサに蓄えられる電荷量は誘電体を挿入することによって，誘電体を挿入しないときに比べて次式に示すように ε_r 倍となります．

$$\frac{Q_d}{Q_v} = \frac{C_d}{C_v} = \varepsilon_r \tag{3・16}$$

2 電界・電束密度の境界条件

1章2節でクーロン力によって働く力を図示する電気力線を説明しました．ここでは，誘電体が存在するときでも一般的に扱える電束を定義し，電束に対するガウスの定理を用いて，異なる誘電体が接しているときの境界条件について説明します．また，この境界条件からコンデンサ内に誘電体を挿入したときの静電容量を求めます．

電束密度

電気力線は単位正電荷に働く電界の力の軌跡です．誘電体が存在するときには，前節でも述べたように，誘電体中の電界の大きさは $1/\varepsilon_r$ 倍となって，誘電体中での単位正電荷に働く力も弱くなります．したがって，電気力線の定義をそのまま誘電体に拡張すると，比誘電率 ε_r の媒質中に，Q 〔C〕の電荷が存在するときの電気力線の本数は，真空中のときに比べて $1/\varepsilon_r$ に減少します．これは，電荷から生じる電気力線が周囲の媒質によって影響を受けることになります．

電荷そのものの性質は，周辺の状況によって変化するとは考えにくいので，Q〔C〕の電荷から Q〔本〕の**電束**が周囲の媒質に依存することなく生じているものと定義します．

図3・4に示す，比誘電率 ε_r の誘電体中に Q〔C〕の点電荷によって生じる電束について考えます．点電荷から距離 r〔m〕での**電束密度**を D〔C/m²〕とするとき，対称性から，半径 r〔m〕の球面上ではどこでも電束密度が一定となります．定義によって，Q〔C〕の点電荷から，Q〔本〕の電束が生じているので次式が成り立ちます．

$$D \times 4\pi r^2 = Q \qquad (3 \cdot 17)$$

したがって，点電荷から距離 r〔m〕での電束密度は次のように表せます．

$$D = \frac{Q}{4\pi r^2} \quad \text{〔C/m}^2\text{〕} \quad (3 \cdot 18)$$

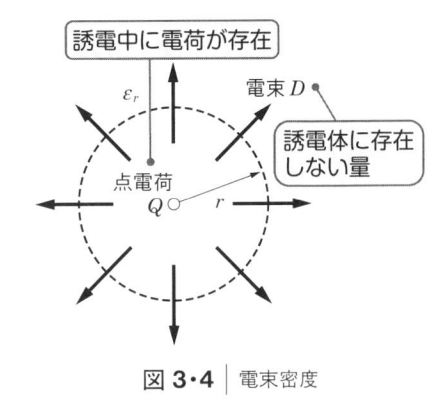

図3・4 | 電束密度

電束密度は電荷量と電荷からの距離に依存し，媒質の誘電率には無関係の量となります．

真空中におかれた Q〔C〕の点電荷から，距離 r〔m〕離れた場所での電界 E_v〔V/m〕は式 (1・4) より，次のように表されます．

$$E_v = \frac{Q}{4\pi\varepsilon_0 r^2} \tag{3・19}$$

ここで，比誘電率 ε_r の誘電体中では，式 (3・6) より次の関係式が求められます．

$$E_d = \frac{E_v}{\varepsilon_r} \text{〔V/m〕} \tag{3・20}$$

電界の強さが $1/\varepsilon_r$ となるので，点電荷から距離 r〔m〕での電界の強さは次のようになります．

$$E_d = \frac{E_v}{\varepsilon_r} = \frac{Q}{4\pi\varepsilon_r\varepsilon_0 r^2} \text{〔V/m〕} \tag{3・21}$$

したがって，式 (3・18)，(3・21) より，電束密度と電界の関係が求められます．

$$D = \varepsilon_r\varepsilon_0 E_d = \varepsilon E_d \text{〔C/m}^2\text{〕} \tag{3・22}$$

このように一様な媒質中では，式 (3・22) より，電界の強さに媒質中の誘電率を乗じたものが電束となり，電束は存在する電荷量に対応します．また，電束の方向を電界の方向と同じものと定義し，電束密度をベクトル量で表すと，次のように表されます．

$$\boldsymbol{D} = \varepsilon_r\varepsilon_0 \boldsymbol{E} = \varepsilon \boldsymbol{E} \text{〔C/m}^2\text{〕} \tag{3・23}$$

また，式 (3・23) の関係が成り立つ媒質を**等方性**であるといいます．

式 (3・17) の関係式を一般的な表現式に書きあらためます．電束も電気力線と同様に，電荷の存在しないところで生じたり消滅することはないので，電荷を含む閉曲面を通過する電束の総数は，電荷によって発生した電束の数と等しくなります．したがって，図 **3・5** に示すように，閉曲面 S の内部に $Q_1, Q_2, \cdots, Q_N$ の N 個の電荷が存在するとき，閉曲面を通過する全電束数は，閉曲面内の総電荷量と等しくなり，次のように表されます．

$$\int_S \boldsymbol{D} \cdot \boldsymbol{n} dS = \sum_{i=1}^{N} Q_i \tag{3・24}$$

式 (3・24) は，式 (1・10) で定義された電界に対するガウスの定理と同じ形をしており，**電束に関するガウスの定理**とよびます．なお，すべての電荷が閉曲面

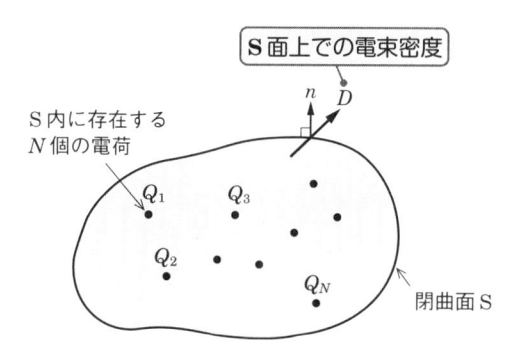

図 3·5 電束に関するガウスの定理

の外部にあるときは次式が成り立ちます．

$$\int_S \boldsymbol{D} \cdot \boldsymbol{n} dS = 0 \tag{3·25}$$

また，閉曲面上にのみ電荷 Q_S 〔C〕 が存在するときは次のように表せます．

$$\int_S \boldsymbol{D} \cdot \boldsymbol{n} dS = \frac{1}{2} Q_S \tag{3·26}$$

さらに，閉曲面内に電荷が ρ 〔C/m^3〕で分布しているときには，式 (1·17) と同様にして次式が得られます．

$$\int_S \boldsymbol{D} \cdot \boldsymbol{n} dS = \int_v \rho dv \tag{3·37}$$

したがって，電束に対するガウスの定理の微分表示式は，次のように表されます．

$$\nabla \cdot \boldsymbol{D} = \rho \tag{3·28}$$

境界条件

光が水中に入射すると屈折するように，誘電体と真空の境界で電気力線と電束は屈折します．ここでは，境界面での電界，電束密度の満たすべき条件，すなわち境界条件を求めます．境界面は一般的には任意の形状ですが，境界面の一部を曲所的にみれば，図 3·6 のように，誘電率 ε_1, ε_2 を持った異なる誘電体 1, 2 が境界面で接しているモデルとみなせます．

図 3·6 において，誘電体 1 から境界面の法線方向に対して，電界と電束密度が角度 θ_1 で入射して，誘電体 2 に角度 θ_2 で出射するものとします．各誘電体は等方性であるとすれば，それぞれの誘電体中の電界，電束密度 E_1, E_2, D_1, D_2 には以

2 電界・電束密度の境界条件

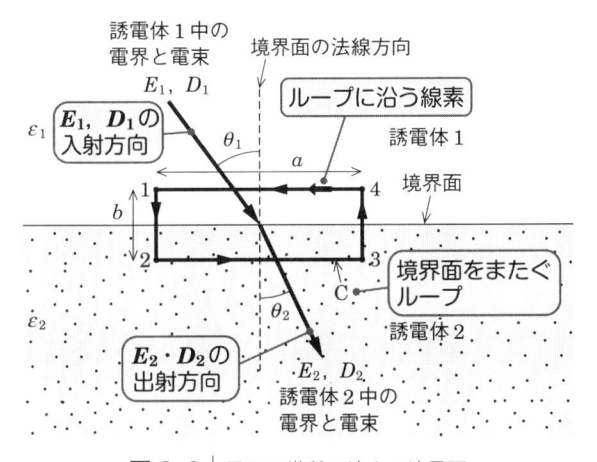

図 3・6 異なる媒質の接する境界面

下の関係式が成り立ちます．

$$D_1 = \varepsilon_1 E_1 \tag{3・29}$$

$$D_2 = \varepsilon_2 E_2 \tag{3・30}$$

まず，境界面での電界の満足する条件を求めるため，境界面をまたぐ微小の方形ループ C を考えます．このループ C に沿って電位計算すると，ループが閉じているため，1章3節で示した電界の保存場としての性質から電位は0となります．すなわち，

$$V = -\oint_C \boldsymbol{E} \cdot \boldsymbol{ds} = 0 \tag{3・35}$$

です．

ここで，$\boldsymbol{ds}$ はループに沿う線積分の線素です．ループ C において，1→2, 3→4 の長さ b は，長さ a に比べて十分に短く無視できるとき，式（3・31）の線積分では，2→3, 4→1 のみを考慮すればよく，電界の境界面に対する接線成分は $E_i \sin \theta_i (i=1,2)$ となるので，式（3・31）は次のようになります．

$$v = -E_1 \sin \theta_1 a + E_2 \sin \theta_2 a = 0 \tag{3・32}$$

したがって，境界面での，電界の接線成分の連続条件が次のように求められます．

$$E_1 \sin \theta_1 = E_2 \sin \theta_2 \tag{3・33}$$

次に，境界面での電束密度の満たすべき条件を，**図 3・7** に示す境界面を貫く微

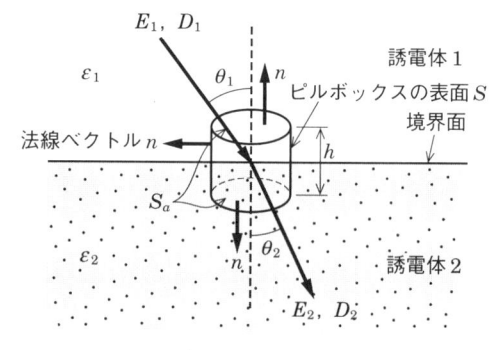

図 3・7 境界面とピルボックス

小のピルボックスにより考えます．このピルボックス内には電荷は存在しないので，式(3・24)で定義された電束密度に関するガウスの定理より次式が得られます．

$$\int_S \boldsymbol{D} \cdot \boldsymbol{n} dS = 0 \tag{3・34}$$

ここで，面積分を行う閉曲面Sをピルボックスの表面とします．ピルボックスの高さh〔m〕が十分に小さいとき，閉曲面での積分はピルボックスの上下面のみで行えばよく，上下面に垂直な電束密度の成分は，$D_i \cos \theta_i$，$(i=1,2)$となるので，式(3・34)より上下面の面積をS_aとすれば次式が得られます．

$$-D_1 \cos \theta_1 S_a + D_2 \cos \theta_2 S_a = 0 \tag{3・35}$$

したがって，境界面に垂直な電束密度の連続条件が次のように求められます．

$$D_1 \cos \theta_1 = D_2 \cos \theta_2 \tag{3・36}$$

さらに，式(3・29)，(3・30)の関係から，電束密度の境界条件，式(3・36)は次のようになります．

$$\varepsilon_1 E_1 \cos \theta_1 = \varepsilon_2 E_2 \cos \theta_2 \tag{3・37}$$

式(3・33)と，式(3・37)の辺々を除することによって，誘電体境界面での電界と電束の屈折の条件が次式で得られます．

$$\frac{\tan \theta_1}{\tan \theta_2} = \frac{\varepsilon_1}{\varepsilon_2} \tag{3・38}$$

式(3・38)より，誘電率の大きい媒質から，小さい媒質へ電界と電束が入射するとき，$\varepsilon_1 > \varepsilon_2$の関係から，$\theta_1 > \theta_2$となり，**図 3・8**のように屈折角が小さくなることを示しています．

なお，式(3・33)は，誘電体境界面で電界の接線成分が連続で，また，式(3・

■ 電界・電束密度の境界条件

誘電率の大きな媒質から小さい媒質への入射

ε_1, θ_1
$\theta_1 > \theta_2$
$\varepsilon_1 > \varepsilon_2$
ε_2, θ_2

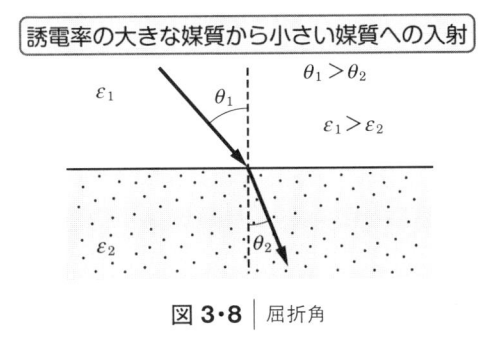

図 3・8 屈折角

36) は境界面で電束密度の法線成分が連続であることを示しています．

平行平板コンデンサの静電容量

図 3・9 のような，極板間に厚さが d_1, d_2〔m〕で，誘電率が ε_1, ε_2 の二つの誘電体が挿入されたときの静電容量について考えます．コンデンサに電圧 V〔V〕を加えたとき，極板に蓄えられる電荷量が $\pm Q$〔C〕であるとします．極板の面積 S〔m^2〕のときの $\sqrt{S}$ と比べて，極板間の間隔が十分小さいものとすれば，コンデンサ内のそれぞれの誘電体中での電界 E_1, E_2 は極板に対して垂直な成分のみを持ち，その大きさは極板間で一定となります．

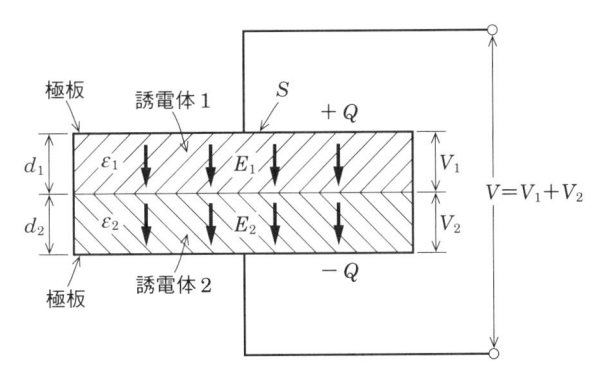

図 3・9 2層の誘電体を挿入した平行平板コンデンサ

誘電体の境界面に対して電界は垂直な成分しか存在していません．したがって，電束密度の境界条件は式（3・37）において，$\theta_1 = \theta_2 = 0$ として

$$\varepsilon_1 E_1 = \varepsilon_2 E_2 \tag{3・39}$$

となります．また，各誘電体での電位差 V_1, V_2〔V〕は，誘電体内で電界が一様で

あるので以下のように表せます．

$$V_1 = E_1 d_1 \ [\text{V}], \quad V_2 = E_2 d_2 \ [\text{V}] \tag{3・40}$$

極板間の電位差 V 〔V〕は，$V = V_1 + V_2$ となるので，式 (3・39) から E_2 を E_1 で表し，式 (3・40) を用いれば次式が得られます．

$$V = V_1 + V_2 = E_1 d_1 + E_2 d_2 = E_1 \left(d_1 + \frac{\varepsilon_1}{\varepsilon_2} d_2 \right) \ [\text{V}] \tag{3・41}$$

ここで，極板の電荷密度 σ 〔C/m²〕は，$\sigma = Q/S$ ですので，誘電体1内での電界を電荷密度を用いて表すと，

$$E_1 = \frac{\sigma}{\varepsilon_1} = \frac{Q}{\varepsilon_1 S} \ [\text{V/m}] \tag{3・42}$$

となります．したがって，式 (3・42) を，式 (3・41) に代入すると，次式が得られます．

$$V = \left(d_1 + \frac{\varepsilon_1}{\varepsilon_2} d_2 \right) \frac{Q}{\varepsilon_1 S} = \frac{\varepsilon_2 d_1 + \varepsilon_1 d_2}{\varepsilon_1 \varepsilon_2} \frac{Q}{S} \ [\text{V}] \tag{3・43}$$

コンデンサの容量 C 〔F〕は，式 (2・27) の定義にしたがって，式 (3・43) から次のように求められます．

$$C = \frac{Q}{V} = \frac{\varepsilon_1 \varepsilon_2}{d_1 \varepsilon_2 + d_2 \varepsilon_1} S = \frac{1}{\dfrac{d_1}{\varepsilon_1 S} + \dfrac{d_2}{\varepsilon_2 S}} \ [\text{F}] \tag{3・44}$$

ここで，二つの誘電体を独立したコンデンサとみなせば，その静電容量は次のようになります．

$$C_1 = \frac{\varepsilon_1 S}{d_1} \ [\text{F}], \quad C_2 = \frac{\varepsilon_2 S}{d_2} \ [\text{F}] \tag{3・45}$$

この C_1，C_2 を用いて式 (3・44) は次のように変形されます．

$$C = \frac{1}{\dfrac{d_1}{\varepsilon_1 S} + \dfrac{d_2}{\varepsilon_2 S}} = \frac{1}{\dfrac{1}{C_1} + \dfrac{1}{C_2}} \ [\text{F}] \tag{3・46}$$

コンデンサの容量 C は C_1 と C_2 の逆数の和の逆数として求められるので，2章3節で示したように直列接続と考えることができます．

3 電気的エネルギーとコンデンサの極板間に働く力

コンデンサは電荷を蓄えることで，電気的なエネルギーを蓄積します．ここでは，電気的なエネルギーが空間内の電界として蓄えられていることを示し，コン

デンサの極板間に働く力と，異なる誘電体間に働く力について，このエネルギーを利用して求めます．

電気的エネルギー

コンデンサに電荷を蓄えるためには，外部から電荷を供給しなくてはなりません．このときの電気的な仕事量を，図 3・10 を用いて説明します．誘電率 ε の誘電体が満たされた，極板間隔 d〔m〕，極板の面積 S〔m²〕の平行平板コンデンサに Q〔C〕の電荷を蓄える場合を考えます．

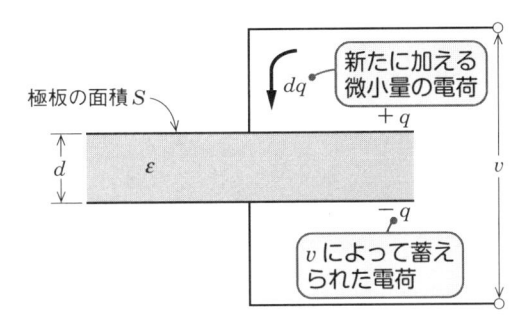

図 3・10 平行平板コンデンサと電気的な仕事量

まず q〔C〕の電荷が蓄えられているコンデンサに，微小量の電荷 dq〔C〕を外部から加えるときに必要な仕事量を考えます．式 (1・28) の電位の定義によれば，単位正電荷に対する仕事が電位なので，コンデンサの電圧が v〔V〕のとき，dq〔C〕の微小量の電荷を加えたときの仕事 dW は次のように求められます．

$$dW = v\,dq \quad 〔\mathrm{J}〕 \tag{3・47}$$

コンデンサの容量を C〔F〕として電圧 v〔V〕は次式で表せます．

$$v = \frac{q}{C} \quad 〔\mathrm{V}〕 \tag{3・48}$$

したがって，dq〔C〕の電荷を新たに蓄えるために必要な仕事量 dW〔J〕は次のようになります．

$$dW = \frac{q}{C}\,dq \quad 〔\mathrm{J}〕 \tag{3・49}$$

このコンデンサの電荷量を $0 \sim Q$〔C〕まで増加させるのに必要な仕事 W〔J〕は次のように求められます．

$$W = \int dW = \int_0^Q \frac{q}{C} dq = \frac{Q^2}{2C} \quad [\text{J}] \tag{3・50}$$

ここで，$Q=CV$ の関係式から，W を静電容量 $C[\text{F/m}]$ と，コンデンサの電位 $V[\text{V}]$ で表せば次式が得られます．

$$W = \frac{1}{2} CV^2 \quad [\text{J}] \tag{3・51}$$

この仕事量 $W[\text{J}]$ は，コンデンサに電荷を蓄えたとき，クーロン力によって電荷の引き合う力のエネルギーとして蓄えられています．これを，コンデンサ内部の電界と関係づけるため，図 3・10 のコンデンサの静電容量が $C = \varepsilon S/d [\text{F}]$，また，コンデンサ内の電界が $E = V/d$ となることを利用して，式 (3・51) は次のように変形できます．

$$W = \frac{1}{2} CV^2 = \frac{1}{2} \frac{\varepsilon S}{d} (Ed)^2 = \frac{1}{2} \varepsilon S d E^2 \quad [\text{J}] \tag{3・52}$$

コンデンサの体積が $Sd[\text{m}^3]$ であることから，コンデンサ内のエネルギー密度 $w[\text{J/m}^3]$ は次のようになります．

$$w = \frac{W}{Sd} = \frac{1}{2} \varepsilon E^2 \quad [\text{J/m}^3] \tag{3・53}$$

したがって，電界の 2 乗に比例したエネルギーが，コンデンサ内に蓄えられていることになります．この関係は，平行平板コンデンサだけでなく，一般的に成り立ち，電界 $E[\text{V/m}]$ が存在する場所には，式 (3・53) のエネルギーが蓄えられていると考えることができます．

また，電束密度と電界の関係式，$D = \varepsilon E$ より，式 (3・53) は次のようにも表せます．

$$w = \frac{1}{2} \varepsilon E^2 = \frac{1}{2} ED \quad [\text{J/m}^3] \tag{3・54}$$

電束密度と電界が，ベクトル量で与えられるときには，電束密度と電界の内積として，エネルギー密度が次のように定義されます．

$$w = \frac{1}{2} \boldsymbol{E} \cdot \boldsymbol{D} \quad [\text{J/m}^3] \tag{3・55}$$

平行平板コンデンサの極板間に働く力

コンデンサの電極には，一方には正の電荷，他方には負の電荷が蓄えられるため，クーロン力によって電極間には引力が働きます．この力をコンデンサ内部に

蓄えられた電気的エネルギーの関係から説明します．

図 **3・11** に示すように，誘電率 ε の誘電体で満たされた平行平板コンデンサの電極が，ごくわずか dx 〔m〕だけ引きつけられたときを考えます．電極の面積を S 〔m²〕とすれば，電極が引きつけられて減少した体積は Sdx 〔m³〕となります．コンデンサ内のエネルギーの減少量 W は，式 (3・54) のエネルギー密度に体積を乗じて次のようになります．

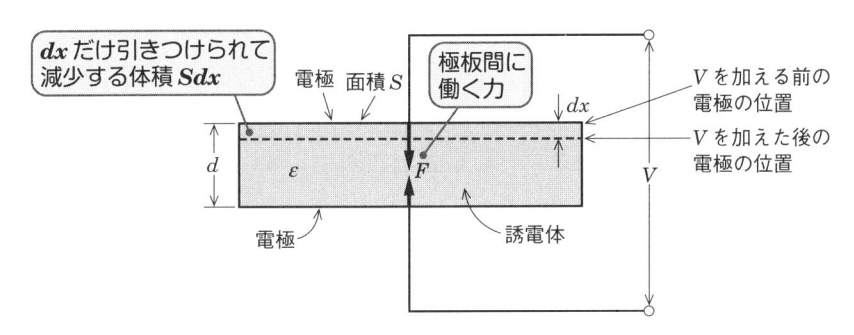

図 **3・11** │ 平行平板コンデンサの電極間に働く力

$$W = -\frac{1}{2}\varepsilon E^2 S dx \quad \text{〔J〕} \tag{3・56}$$

ここで，E〔V/m〕はコンデンサ内の電界です．コンデンサ内のエネルギーの減少は電極を引きつける仕事によるものと考えれば，引きつけられる力を F〔N〕として次のように表すことができます．

$$W = -F dx \quad \text{〔J〕} \tag{3・57}$$

仕事に負の符号がつくのは，電極が仕事をされるからです．式(3・56)，(3・57) より，電極間に働く力が求められます．

$$F = \frac{1}{2}\varepsilon E^2 S \quad \text{〔N〕} \tag{3・58}$$

したがって，極板の単位面積あたりに働く力 f〔N/m²〕は次のようになりコンデンサ内のエネルギー密度と等しくなります．

$$f = \frac{F}{S} = \frac{1}{2}\varepsilon E^2 \quad \text{〔N/m²〕} \tag{3・59}$$

また，極板間の電位差を V〔V〕，距離を d〔m〕とすれば，極板間の距離が十分に狭い平行平板コンデンサにおいて，$E = V/d$ となるので，式 (3・59) は次のよ

うになります.

$$f = \frac{1}{2}\varepsilon\left(\frac{V}{d}\right)^2 \quad [\mathrm{N/m^2}] \tag{3・60}$$

したがって，同じ電圧を極板間にかけたときには，誘電率の大きなコンデンサほど，大きな力が働いていることがわかります．

誘電体間に働く力

図 3・12 に示すように，異なる誘電率 ε_1, ε_2 を持つ誘電体 1 と 2 が接しているところに電界を加えると，誘電体間に力が働きます．この力を誘電体に蓄えられているエネルギー密度と仮想変位により求めてみます．境界面に対して電界と電束が垂直となるとき，誘電体 1 が誘電体 2 側に δx [m] だけ，単位面積あたり f [N/m²] の力を受けて変位したものとします．それぞれの誘電体に蓄えられているエネルギー密度 w_1, w_2 [J] は，式 (3・54) より，

$$w_1 = \frac{1}{2}E_1 D_1 \quad [\mathrm{J/m^3}] \tag{3・61}$$

$$w_2 = \frac{1}{2}E_2 D_2 \quad [\mathrm{J/m^3}] \tag{3・62}$$

と与えられます．

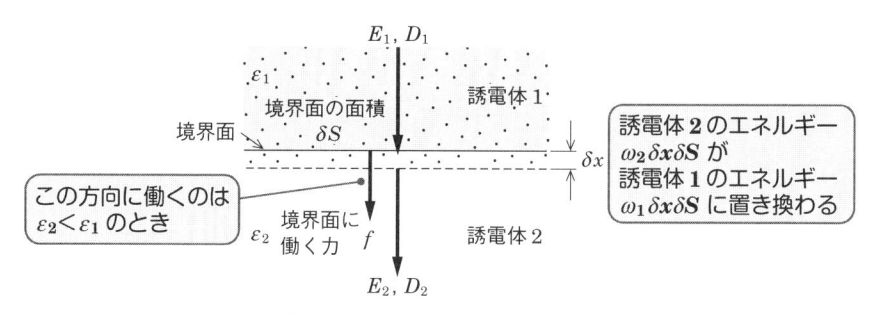

図 3・12 誘電体境界面に電界が垂直なときに働く力

誘電体の接している部分の面積を δS [m²] としたとき，誘電体 2 の一部分が誘電体 1 に置き換わるため，そのエネルギーの変化量 δW [J] は次のようになります．

$$\delta W = (w_1 - w_2) \times \delta x \delta S \quad [\mathrm{J}] \tag{3・63}$$

このとき，誘電体 2 は力 f [N/m²] によって仕事をされるので，δW の符号は負

となります．

$$\delta W = -f\delta x \delta S \quad [\text{J}] \tag{3・64}$$

式 (3・63)，(3・64) より

$$f = w_2 - w_1 = \frac{1}{2} E_2 D_2 - \frac{1}{2} E_1 D_1 = \frac{1}{2}\left(\frac{1}{\varepsilon_2} - \frac{1}{\varepsilon_1}\right) D^2 \quad [\text{N/m}^2] \tag{3・65}$$

となります．ここで，境界面に垂直な電束密度は等しくなるので，$D_1 = D_2 = D$ [C] と表しました．式 (3・65) から，$\varepsilon_2 < \varepsilon_1$ のとき，力 f は正となり，誘電率の大きい媒質が小さい媒質に引き込まれるような力が働きます．

次に，境界面に対して電界と電束が平行なときは，図 3・13 に示すような平行平板コンデンサ内に，誘電率 ε_1，ε_2 を持つ誘電体が接しているモデルを考えます．この平行平板コンデンサには電圧 V [V] が加えられ，極板間隔 d [m] は十分に狭いものとします．

ここで，図 **3・13** の紙面に垂直方向の長さを δl [m] として考えます．境界面に電界が平行なので，各領域で電界成分が連続になることを利用して，仮想的な変位 δx [m] によって生じるエネルギーの変化量 dW_d [J] は，次のように求められます．

$$dW_d = \left(\frac{\varepsilon_1}{2} E_1{}^2 - \frac{\varepsilon_2}{2} E_2{}^2\right) d\delta l \delta x = \frac{1}{2}(\varepsilon_1 - \varepsilon_2) E^2 d\delta l \delta x \quad [\text{J}] \tag{3・66}$$

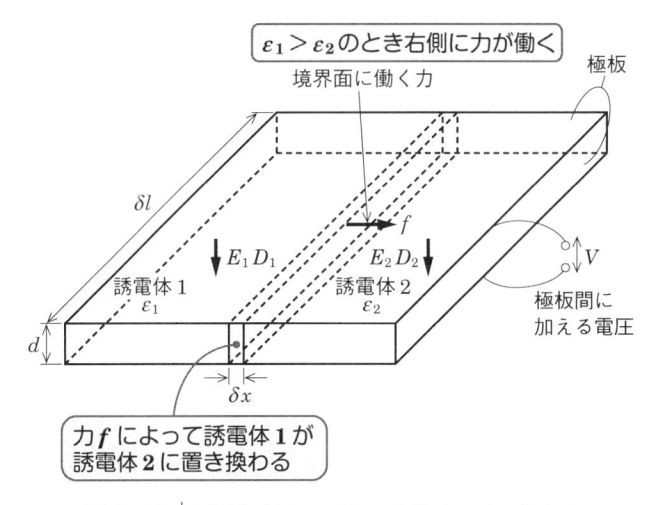

図 **3・13** 誘電体境界面に電界が平行なときに働く力

式 (3·66) において，電界が境界面で連続であることから，$E_1=E_2=E$ としました．

誘電体の変位によって，平行平板コンデンサの極板に蓄えられている電荷量が変化します．この電荷量の変化を δQ〔C〕は，式 (3·37) より電束密度が電荷の体積密度を表していることから次のように求められます．

$$\delta Q = (D_1 - D_2) \delta l \delta x \quad \text{〔C〕} \tag{3·67}$$

したがって，外部からコンデンサに供給されるエネルギー dW_o〔J〕が次のように求められます．

$$dW_o = V\delta Q = Ed(D_1-D_2)\delta l \delta x = E^2 d(\varepsilon_1 - \varepsilon_2)\delta l \delta x \quad \text{〔J〕} \tag{3·68}$$

コンデンサのエネルギーの変化は dW_d，dW_o の差となり，これによって誘電体の境界面が単位面積あたり f〔N/m²〕の力を受けるので以下の関係式が成り立ちます．

$$-fd\delta l \delta x = dW_d - dW_o = \frac{1}{2}(\varepsilon_1-\varepsilon_2)E^2 d\delta l \delta x - E^2 d(\varepsilon_1-\varepsilon_2)\delta l \delta x$$

$$= -\frac{1}{2}(\varepsilon_1-\varepsilon_2)E^2 d\delta l \delta x \tag{3·69}$$

以上より，境界面に働く力が次のように求められます．

$$f = \frac{1}{2}(\varepsilon_1-\varepsilon_2)E^2 \quad \text{〔N/m²〕} \tag{3·70}$$

したがって，誘電率の小さい誘導体の方へ誘電率が大きい誘電体が引き込まれるように力が働きます．

練習問題

【1】 電界 E_d〔V/m〕が一様な誘電体中に図に示すように，電界に対して平行なギャップと，垂直に存在するときのギャップ内での電界 E_o〔V/m〕を求めなさい．ただし，ギャップ内は真空で，その幅は十分に狭いものとし，誘電体の比誘電率を ε_r とします．

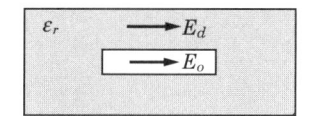

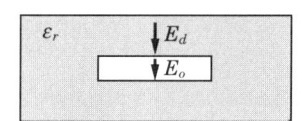

電界に平行なギャップ　　　電界に垂直なギャップ

【2】 平板間の間隔が d〔m〕の平行平板コンデンサ内に，比誘電率が3，厚さが $d/2$〔m〕で面積が平板と同じ誘電体を，一方の平面に接するように挿入したときコンデンサの容量は何倍になりますか．

【3】 比誘電率が5である誘電体中の電界の強さが1kV/cmであるとき，誘電体中の分極電荷密度を求めなさい．

【4】 半径 a〔m〕の2枚の金属板を間隔 d〔m〕で平行に向かい合わせてコンデンサとするとき，金属板の中心から半径 b〔m〕の部分に誘電率 ε_1 で厚さが d〔m〕の円柱誘電体を入れ，その外側に誘電率 ε_2 で厚さが d〔m〕の誘電体を金属板の端まで入れたときの静電容量を求めなさい．ただし，$a \gg d$ とします．

【5】 内導体の半径が a〔m〕，外導体の内半径が b〔m〕の同心導体球内の $a \leq r \leq c$ に誘電率が ε_1 の誘電体1，その外側（$c \leq r \leq b$）が ε_2 の誘電体2で満たされているコンデンサの静電容量はいくらですか．

【6】 同軸ケーブルは内径が a〔m〕，外径が b〔m〕の無限同心円筒内に誘電率 ε の誘電体が充填されたものとみなせます．この同軸ケーブルの単位長さあたりの容量を求め，$b/a = 3.6$ で誘電体の比誘電率が2.3のときの値を求めなさい．

【7】 面積が $2\,\text{cm}^2$ である金属板2枚を，真空中において間隔1mmで平行に配置して，金属板間に1000Vの電圧を加えたときに極板間に働く力を求めなさい．

4章 電流と磁界

→ 電気製品を動かすためには電気を流す必要があり，この電気の流れを電流とよびます．電流には時間的にその大きさが一定である直流と，時間的に変化する交流がありますが，まず，直流についてその性質を考えてみます．モータが動くのは電流が力を与えているからで，この現象を説明するために磁界という物理量が用いられます．磁界を計算することで電流が行う機械的な仕事を実用的に扱うことができます．

→ 本章では電流の定義を示した後，電流がその周囲にどのような磁界をつくるかについてビオ・サバールの法則とアンペアの周回積分の法則を用いて説明します．この二つの法則を利用して直線状やループ状の電流がつくる磁界を計算します．次に電流によってつくられた磁界中で電荷が動くと力を受けます．この力がどのように働くのかを説明して，力と磁界，そして電荷が動いたことで生じる電流の関係を表すフレミングの左手の法則を定義します．また，この応用として電気的な力を機械的な力に変換するモータの原理も説明します．

1 電流と抵抗

　導体中を動く電荷を電流として表し，動きやすさの基準となる導体の抵抗率や温度に対する依存性，また，導体に加えた電圧と電流を関係づけるオームの法則と抵抗による電力の消費量を求めるジュールの法則について説明します．

電流

　電流は電荷の動きであり，導体中では自由電子が自由に動くことができるので，外部から電界を加えれば，導体中に電流が流れます．導体中の断面 S を，dt [s] の時間内に dq [C] の電荷が通過したとき，断面 S を流れる電流 I を次のように定義します．

$$I = \frac{dq}{dt} \tag{4・1}$$

電流の単位は，アンペア〔A〕=〔C/s〕で表し，1 A の電流は 1 秒間に 1 C の電荷が断面 S を通過することを表しています．

導体中の電荷の移動は自由電子である負の電荷によるものですが，電流の方向は正の電荷の移動方向とすることが慣用的になっています．したがって，電流の方向は自由電子の移動の方向と逆となります．ここで，図 **4・1** に示すように，導体中に単位体積 1 m³ あたり n 個の電子が存在し，平均的な速度 v〔m/s〕で動くものを考えます．電子一つの電荷量の絶対値を e〔C〕とすれば，導体内の断面の一部 s〔m²〕を 1 秒間に通過する電荷量，すなわち電流 I〔A〕は，

$$I = nevs \quad 〔A〕 \tag{4・2}$$

となります．したがって断面 s での電流の面積密度 J〔A/m²〕は次のようになります．

$$J = \frac{I}{s} = nev \quad 〔A/m^2〕 \tag{4・3}$$

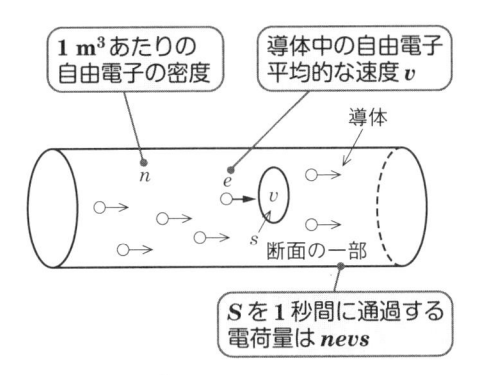

図 **4・1** │ 導体中の自由電子と電流

導体中を流れる電流は，移動する電荷に印加される電界 E に比例するので，その比例定数を σ とすれば，電流密度はベクトル J により次のように表されます．

$$\boldsymbol{J} = \sigma \boldsymbol{E} \quad 〔A/m^2〕 \tag{4・4}$$

σ は**導電率**とよばれ，その単位は〔A/Vm〕となります．また，導電率の逆数を**抵抗率** $\rho = 1/\sigma$ と表し，抵抗の単位を〔Ω〕=〔Vm/A〕として，抵抗率の単位を ρ〔Ωm〕，さらに，導電率の単位を σ〔1/Ωm〕と表します．

◼ 電流と抵抗

オームの法則と抵抗

図 **4・2** に示す導線の 2 点，AB 間に流れる電流 I〔A〕と，AB 間の電位差 V〔V〕の間には比例関係が成り立ち，その比例定数を抵抗 R〔Ω〕と定義します．

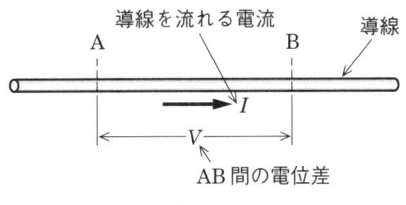

$$V = RI \quad \text{〔V〕} \tag{4・5}$$

図 **4・2** | オームの法則

これはオームが実験的に見いだしたもので，**オームの法則**とよばれます．

導体の抵抗は，その材質，形状，温度などによって変化します．まず，温度が一定のとき，図 **4・3** に示す長さ l〔m〕，断面積 S〔m^2〕の導体の抵抗 R〔Ω〕は，その導体の抵抗率 ρ〔Ωm〕を用いて次のように表すことができます．

$$R = \rho \frac{l}{S} \quad \text{〔Ω〕} \tag{4・6}$$

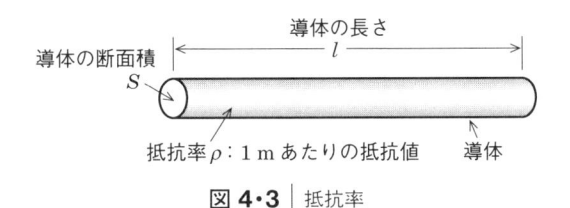

図 **4・3** | 抵抗率

抵抗の逆数は**コンダクタンス**とよばれ，導電率 σ〔1/Ωm〕を用いて，

$$G = \frac{I}{V} = \sigma \frac{S}{l} \quad \text{〔1/Ω〕} \tag{4・7}$$

と表されます．ここでコンダクタンスの単位をジーメンス〔S〕＝〔1/Ω〕といいます．

導体の温度が上昇すると，抵抗は大きくなります．これは，温度が高くなると導体中の原子核の振動が大きくなり，自由電子の移動を妨げるからです．抵抗の

温度変化は，20℃での抵抗率 ρ_{20}〔Ωm〕を基準として，温度 t〔℃〕での抵抗率 ρ_t〔Ωm〕は次のようになります．

$$\rho_t = \rho_{20}\{1+\alpha(t-20)\} \quad 〔Ωm〕 \tag{4・8}$$

ここで α は**温度係数**とよばれ，抵抗率の温度変化の割合を示す物理量です．

ジュールの法則

R〔Ω〕の抵抗に I〔A〕の電流が流れているとき，オームの法則より $V=RI$〔V〕の電位差が抵抗の両端に生じます．I〔A〕の電流が流れているとき，1秒間に動く全電荷量は I〔C〕となります．電位差は単位正電荷による仕事ですので，I〔C〕の電荷が移動したときの仕事量 P〔J/s〕は，単位時間あたり次のように表されます．

$$P = VI \quad 〔J/s〕 \tag{4・9}$$

この単位時間あたりの仕事を電力とよび，その単位を〔W〕（ワット）=〔J/s〕で表します．式（4・9）をオームの法則により書き換えると次のようになります．

$$P = VI = (RI)I = I^2 R \quad 〔W〕 \tag{4・10}$$

抵抗では流れる電流の2乗に比例して電力が熱エネルギーとなって消費され，これを**ジュールの法則**といいます．

電力の計算では，P〔W〕の電力が t〔s〕間流れたときに消費されるエネルギーとして電力量 H を用います．

$$H = Pt = I^2 Rt \quad 〔W\cdot s〕 \tag{4・11}$$

また，1時間あたりの電力量の単位として〔Wh〕（ワット時），または〔kWh〕（キロワット時）がよく用いられます．

2 ビオ・サバールの法則

単位正電荷に働く力の向きと大きさとして電界を定義し，電荷間に働く力を電界を用いて説明しました．ここでは，移動する電荷，すなわち電流間に働く力を説明するために，電流によって磁界という場がつくられるものとして議論をすすめます．

まず，電流によってつくられる磁界の方向を，アンペアの右ねじの法則により定義します．その大きさを求めるため，まず，微小な電流素子によってつくられる磁界をビオ・サバールの法則によって求め，この電流素子からの磁界の和とし

て，直線状電流やループ電流によってつくられる磁界を求めます．

電流によってつくられる磁界

棒磁石の周辺に鉄粉をまくと，鉄粉は磁石のN極とS極の間の空間に線が張られているように広がります．この線で示されるものを**磁力線**とよび，方位磁石をおくと磁力線の方向に向くことはよく知られています．電流が流れている導線の近くにおいた方位磁石が影響を受けることから，電流によって磁界がつくられることを，エルステッドが偶然に見いだしました．ここで磁力線を電気力線に対応させると，磁力線の各点での接線成分を**磁界**と定義することができます．

直線状の導体に電流が流れていると，磁界は導体に垂直な面内に同心円状に広がり，電流の方向を右ねじの進む方向とすると，**図 4・4** のようにねじの回転方向が磁界の方向となります．この関係を**アンペアの右ねじの法則**といいます．このように，電流によってつくられる磁界は必ずループとなります．

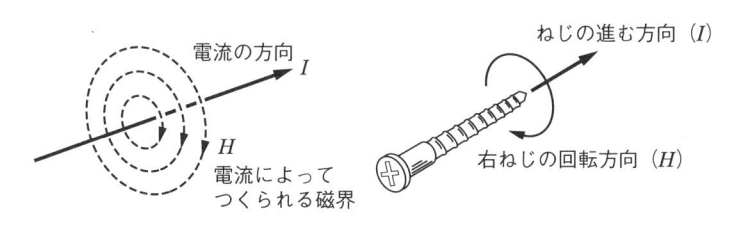

図 4・4 アンペアの右ねじの法則

ここで，**図 4・5** に示す直線状の導体に，電流 I 〔A〕が流れているとき，導体上のC点を流れる電流によって，距離 r〔m〕だけ離れたP点につくられる磁界の大きさ dH は，導体と線分CPのなす角度を θ として，次のように与えられます．

$$dH = \frac{Idl\sin\theta}{4\pi r^2} \quad \text{〔A/m〕} \tag{4・12}$$

式（4・12）を**ビオ・サバールの法則**といいます．

ここで，dl〔m〕はC点での微小な導線の長さであり，式（4・12）によれば，磁界の強さは距離の2乗に反比例し，微小な導線に流れている電流とその長さの積 Idl に比例することを表しています．この微小な導線部分を流れている電流，すなわち電流の一部を切り出したものを電流素子と定義します．

式（4・12）では，微小な電流素子によってつくられる磁界の大きさのみを定義

4章 電流と磁界

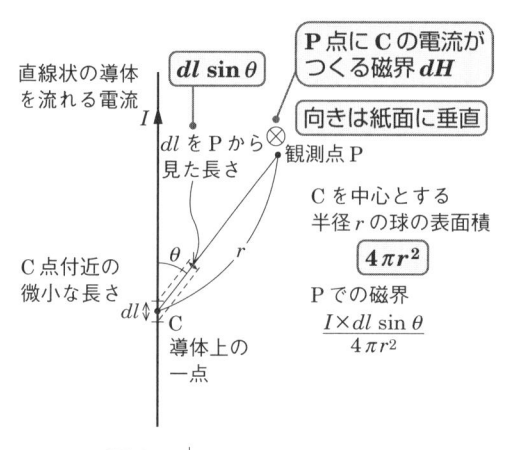

図4・5 ビオ・サバールの法則

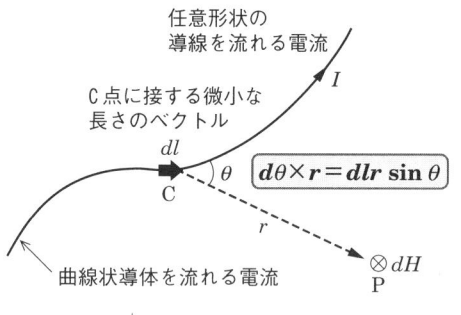

図中注記:
- 直線状の導体を流れる電流 I
- dl をPから見た長さ $dl\sin\theta$
- P点にCの電流がつくる磁界 dH
- 向きは紙面に垂直
- 観測点P
- C点付近の微小な長さ dl
- 導体上の一点 C
- Cを中心とする半径 r の球の表面積 $4\pi r^2$
- Pでの磁界 $\dfrac{I\times dl\sin\theta}{4\pi r^2}$

図4・6 任意形状の電流がつくる磁界

図中注記:
- 任意形状の導線を流れる電流 I
- C点に接する微小な長さのベクトル dl
- $d\theta\times r = dlr\sin\theta$
- 曲線状導体を流れる電流

しており,その向きはアンペアの右ねじの法則によって決定する必要があります.そこで,**図4・6**に示すように,任意形状の導体に電流が流れているとき,磁界の向きと大きさを求めます.流れている電流と同じ方向を向いている,導体上C点での接線ベクトルを $\boldsymbol{dl}$ として,C点を原点としたP点の位置ベクトルを $\boldsymbol{r}$ とすれば,P点での磁界はベクトル量として次のようになります.

$$d\boldsymbol{H} = \frac{I\boldsymbol{dl}\times\boldsymbol{r}}{4\pi r^3} \quad [\mathrm{A/m}] \tag{4・13}$$

式(4・13)において,$\boldsymbol{dl}$ と $\boldsymbol{r}$ のなす角を θ とすれば,分子の絶対値は $Idlr\sin\theta$ となり,式(4・12)と一致します.

無限長線状電流による磁界

ビオ・サバールの法則を利用して，図 4・7 に示す無限長線状電流から距離 a〔m〕離れたところでの磁界を求めます．アンペアの右ねじの法則より，電流 I〔A〕が $+x$ 方向に流れているときにつくられる磁界は，x 軸に対して右回りのループです．線路の中心 O から線路上 x〔m〕の位置での，線路の微小の長さを dx とすると，この部分を流れる電流が P 点につくる磁界 dH は，式（4・12）より次のようになります．

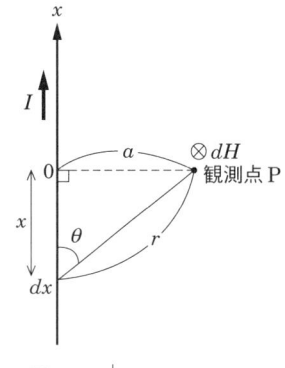

$$dH = \frac{Idx \sin\theta}{4\pi r^2} \quad \text{〔A/m〕} \quad (4\cdot14)$$

図 4・7 無限長線状電流による磁界

したがって，P 点での磁界は式（4・14）を x 軸に沿った電流素子の和として，すなわち，$-\infty$ から $+\infty$ までの積分によって次のように求められます．

$$H = \int_{-\infty}^{+\infty} \frac{I \sin\theta}{4\pi r^2} dx \quad \text{〔A/m〕} \quad (4\cdot15)$$

式（4・15）の積分を容易に行うため，a と x を r と θ を用いて表します．

$$a = r\sin\theta, \quad x = -r\cos\theta \quad (4\cdot16)$$

したがって，式（4・15）の変数は以下のような θ のみの関数となります．

$$r = \frac{a}{\sin\theta}, \quad x = -a\cot\theta, \quad dx = a\,\text{cosec}^2\theta\, d\theta \quad (4\cdot17)$$

式（4・17）を式（4・15）に代入し，積分範囲が $0 \leq \theta \leq \pi$ となることを考慮すれば，無限長線状電流による磁界が次のように求められます．

$$H = \int_0^\pi \frac{I\sin\theta}{4\pi a} d\theta = \frac{I}{2\pi a} \quad \text{〔A/m〕} \quad (4\cdot18)$$

ループ電流による磁界

図 4・8 のような，半径 a〔m〕の円形ループに電流 I〔A〕が流れているとき，ループの中心軸上，距離 x〔m〕の P 点での磁界を求めます．P 点から距離 r〔m〕のループ上の S 点にある微小な電流素子 Idl を見込む角度が ϕ のとき，この電流素子によって P 点に生じる磁界 dH は，ビオ・サバールの法則の式（4・12）から次のよ

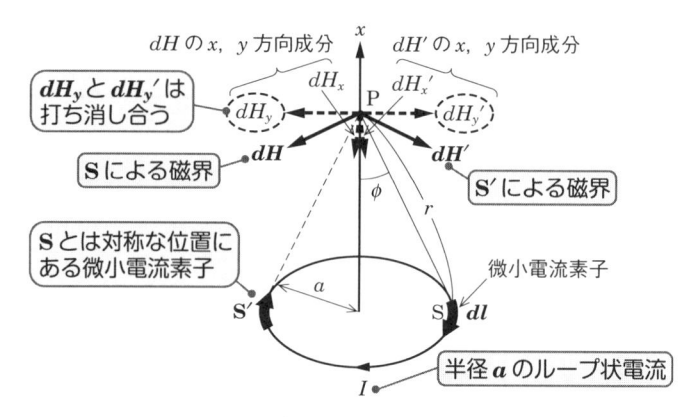

図 4・8 ループ電流による磁界

うに求められます．

$$dH = \frac{Idl}{4\pi r^2} \quad [\text{A/m}] \tag{4・19}$$

ここで，電流素子と線分 SP のなす角度 θ は $\pi/2$ で，式(4・12)において $\sin\theta = 1$ となります．アンペアの右ねじの法則により，dH の向きは図 4・8 に示すように線分 SP と直交します．dH を図に示す x, y 方向への成分 dH_x, dH_y に分解して考えると，S 点による P 点での磁界は，ループ上の S 点の対称点 S′ による磁界を考えると，dH_y 成分は互いに打ち消し合い，dH_x 成分のみが次のように残ります．

$$dH_x = dH\sin\phi = dH\frac{a}{r} = \frac{aIdl}{4\pi r^3} \quad [\text{A/m}] \tag{4・20}$$

ループ上を流れる全電流によって S 点につくられる磁界 H は，式(4・20)で表される dH_x 成分をループ上で積分することによって次のように求められます．

$$H = \int dH_x = \int_0^{2\pi} \frac{Ia^2}{4\pi r^3} d\phi = \frac{Ia^2}{2(a^2+x^2)^{3/2}} \quad [\text{A/m}] \tag{4・21}$$

上式よりループの中心の磁界は $x=0$ として求められ，

$$H = \frac{I}{2a} \quad [\text{A/m}] \tag{4・22}$$

となります．

3 アンペアの周回積分の法則

電流によって生じる磁界はビオ・サバールの法則から求められます。ここでは、電流と磁界により一般的な関係を表すアンペアの周回積分の法則を説明します。そして、アンペアの周回積分の法則を利用して環状ソレノイド内の磁界と、無限長円柱形電流による磁界を求めます。

電流と磁界の関係

磁界は電流によって生じるため、電界を生成する正負の電荷のような磁荷は現実には存在しません。したがって、真空中での磁界は必ずループとなります。このループ状の磁界と電流の定量的な関係を、無限長導体線路を流れる電流によってつくられる磁界について考えてみます。

図 **4・9** において、無限長線路から距離 a 〔m〕離れた点での磁界の強さは式 (4・18) より次のように求められます。

$$H = \frac{I}{2\pi a} \quad \text{〔A/m〕} \tag{4・23}$$

ここで、半径 a 〔m〕の円形ループ上での磁界を、ループに沿って周回積分を行うと、ループ上での磁界は一定のため次の関係式が得られます。

$$\oint H dl = \int_0^{2\pi} \frac{I}{2\pi a} a d\phi = I \tag{4・24}$$

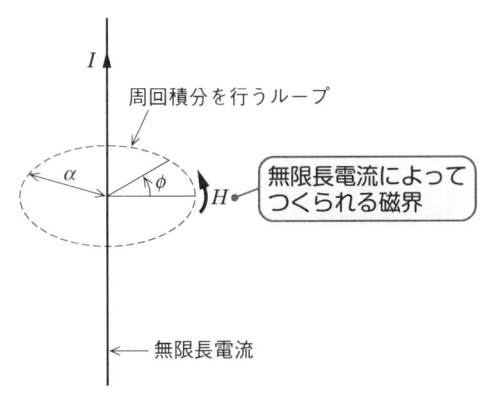

図 **4・9** │ アンペアの周回積分の法則

式（4・24）は，ループに沿って磁界を線積分した値が，ループの面を通って流れる電流の値と等しくなることを表しており，この関係式を**アンペアの周回積分の法則**といいます．また，ループ面を電流が通過することを，ループと電流が**鎖交**するといいます．したがって，図 **4・10**(a) のような電流 I はループ C とは鎖交せず，図 4・10(b) の関係にあるときループ C と電流 I は鎖交します．ここでは，無限長導体線路に流れる電流と円形ループ状の積分路を扱いましたが，アンペアの周回積分の法則は一般的に任意のループについて成り立ちます．したがって，任意のループ上での磁界の線積分が，そのループと鎖交する電流の値と等しくなります．ループ内に N 本の電流が鎖交していれば，その全電流の和がループと鎖交する電流値となります．この関係式を示すと任意のループ C と鎖交する電流が I〔A〕であるとき，次式が成り立ちます．

$$\oint_C \boldsymbol{H} \cdot d\boldsymbol{l} = I \tag{4・25}$$

また，ループと電流の鎖交する回数が N 回のときには，上式の右辺を N 倍にします．

$$\oint_C \boldsymbol{H} \cdot d\boldsymbol{l} = NI \tag{4・26}$$

なお，ループ C と鎖交する電流がないときには次式が成り立ちます．

$$\oint_C \boldsymbol{H} \cdot d\boldsymbol{l} = 0 \tag{4・27}$$

ここで，図 4・10(b) のように，ループ C で囲まれた面を S とします．ループと鎖交する電流が S 面内で電流密度 $\boldsymbol{J}$〔A/m²〕と表されるとき，アンペアの周回積分の法則は次のように表せます．

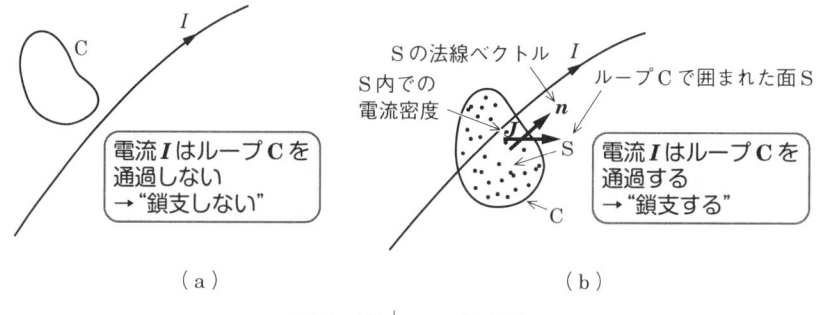

図 4・10 │ ループと電流

3 アンペアの周回積分の法則

$$\oint_C \boldsymbol{H} \cdot d\boldsymbol{l} = \int_S \boldsymbol{J} \cdot \boldsymbol{n} dS \tag{4・28}$$

ここで，電流密度は電流の流れる方向に対して垂直な面での密度を表すため，式 (4・28) の右辺では，面 S の法線ベクトル $\boldsymbol{n}$ との内積をとっています．

式 (4・28) はアンペアの周回積分の法則を積分系で表したものです．ここで式 (1・24)，(1・25) と同様に微分表示式を導出します．

式 (4・28) の左辺の積分を，**図 4・11** に示す xy 面内にある微小ループで考えます．各辺の長さが $(\delta x, \delta y)$ [m] の方形ループの中心を P 点 (x, y) とし，P 点での磁界を (H_x, H_y) とします．P 点から x 方向に $\pm \delta x/2$ [m] 離れた，辺 12 と辺 34 での磁界の y 成分は次のように表せます．

$$H_{12} = H_y - \frac{\partial H_y}{\partial x} \frac{\delta x}{2} \tag{4・29}$$

$$H_{34} = H_y + \frac{\partial H_y}{\partial x} \frac{\delta x}{2} \tag{4・30}$$

また，辺 23 と辺 41 での磁界の x 成分は以下のように表されます．

$$H_{23} = H_x - \frac{\partial H_x}{\partial y} \frac{\delta y}{2} \tag{4・31}$$

$$H_{41} = H_x + \frac{\partial H_x}{\partial y} \frac{\delta y}{2} \tag{4・32}$$

したがって，このループに沿って周回積分を行うと次式が得られます．

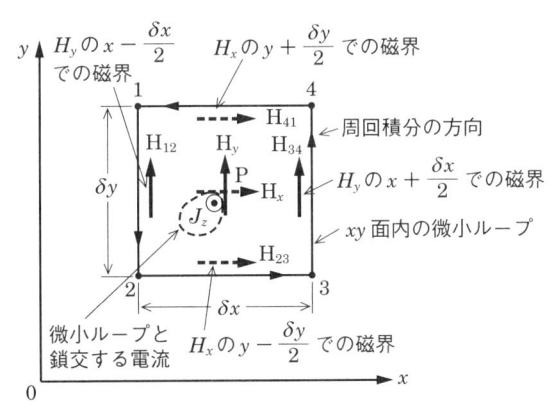

図 4・11 | xy 面内での微小ループ

$$\oint_C \boldsymbol{H} \cdot d\boldsymbol{l} = -H_{12}\delta y + H_{23}\delta x + H_{34}\delta y - H_{41}\delta x$$

$$= \left(\frac{\partial H_y}{\partial x} - \frac{\partial H_x}{\partial y} \right) \delta x \delta y \tag{4・36}$$

このループに垂直な成分は z 方向成分なので鎖交する電流は z 方向成分となり，右辺の面積積分は次のようになります．

$$\int_S \boldsymbol{J} \cdot \boldsymbol{n} dS = J_z \delta x \delta y \tag{4・34}$$

式（4・33）と式（4・34）より，次の関係式が得られます．

$$\frac{\partial H_y}{\partial x} - \frac{\partial H_x}{\partial y} = J_z \tag{4・35}$$

同様にして，yz 面，zx 面に微小ループを考えれば，J_x と J_y の関係式が次のように求められます．

$$\frac{\partial H_z}{\partial y} - \frac{\partial H_y}{\partial z} = J_x \tag{4・36}$$

$$\frac{\partial H_x}{\partial z} - \frac{\partial H_z}{\partial x} = J_y \tag{4・37}$$

また，式（4・35）〜（4・37）を，式（1・23）で定義された微分演算子 ∇ を用いて表せば，アンペアの周回積分の法則の微分表示式が次式で得られます．

$$\left(\frac{\partial}{\partial x}\boldsymbol{i} + \frac{\partial}{\partial y}\boldsymbol{j} + \frac{\partial}{\partial z}\boldsymbol{k} \right) \times (H_x\boldsymbol{i} + H_y\boldsymbol{j} + H_z\boldsymbol{k}) = J_x\boldsymbol{i} + J_y\boldsymbol{j} + J_z\boldsymbol{k}$$

$$\nabla \times \boldsymbol{H} = \boldsymbol{J} \tag{4・38}$$

環状ソレノイド内の磁界

アンペアの周回積分の法則を利用して**図 4・12** に示す環状ソレノイド内の磁界を求めてみます．ソレノイドとは導線を十分密に巻いたもののことであり，一種のコイルです．環状ソレノイドには N 回導線が巻いてあり，I〔A〕の電流が流れています．ソレノイドの半径 a〔m〕に対してソレノイドの断面積 S〔m²〕が $\sqrt{S}$ に比べて十分小さいものとし，ソレノイドの平均長は $2\pi a$〔m〕で表され，断面内で磁界は一様であるものとします．

ソレノイド内での磁界 H〔A/m〕は，導線の巻き始めと巻き終わりの影響が無視できるとき，ソレノイド内のループ C_1 に沿って一様となります．アンペアの周回積分の法則を閉ループ C_1 に適用すると，C_1 と導線を流れる電流は N 回鎖交する

3 アンペアの周回積分の法則

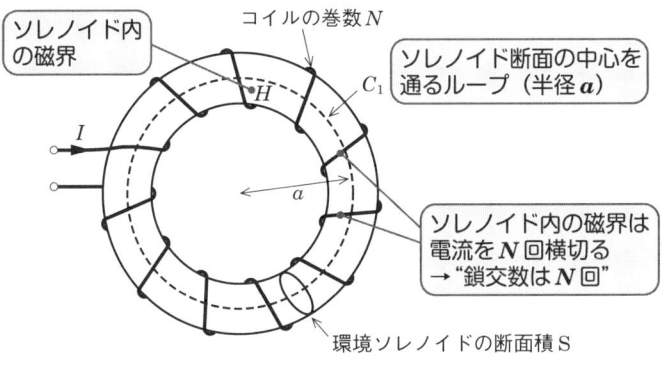

図4・12 環状ソレノイド

ので次式が得られます．

$$\oint_{C_1} H dl = 2\pi a H = NI \tag{4・39}$$

したがって，ソレノイド内での磁界が求められます．

$$H = \frac{NI}{2\pi a} \ \text{〔A/m〕} \tag{4・40}$$

ここで，ソレノイドの単位長さあたりの巻き数を n〔回/m〕とすれば，$n = N/2\pi a$ となるので式（4・40）は次のようになります．

$$H = nI \ \text{〔A/m〕} \tag{4・41}$$

以上のようにして，環状ソレノイド内の磁界がアンペアの周回積分の法則によって求められました．

無限長円柱形電流による磁界

アンペアの周回積分の法則を利用して，**図4・13**に示す半径 a〔m〕の無限長円柱形の断面内に電流 I〔A〕が一様に流れているときに生じる磁界を求めてみます．

円柱を流れる電流によって生じる磁界は，円柱が無限長なので H_ϕ 成分しか持ちません．円柱の外側 $\rho > a$ において，円柱の周囲に半径 ρ〔m〕のループ C をとり，アンペアの周回積分の法則を適用すると次式が得られます．

$$\int_C H_\phi dl = 2\pi \rho H_\phi = I \tag{4・42}$$

したがって，円柱の外側での磁界が次のように求められます．

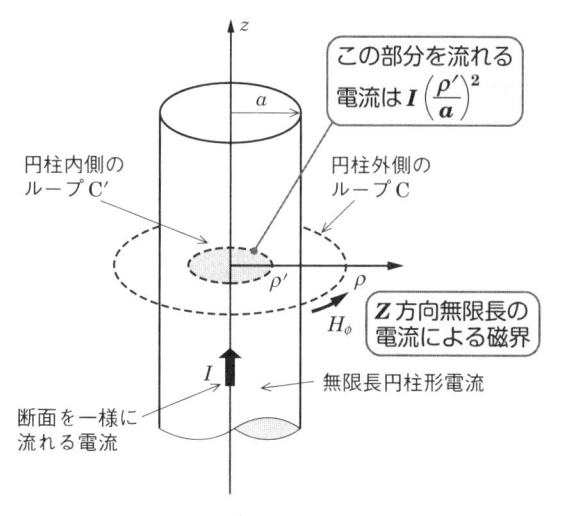

図 4·13 に示すように、無限長円柱形電流の外側の磁界は、

$$H_\phi = \frac{I}{2\pi\rho} \quad [\text{A/m}] \tag{4·43}$$

次に円柱の内部に生じる磁界を求めます．円柱の内部，$\rho' < a$ において，ループ C' をとりアンペアの周回成分の法則を適用します．このとき，ループ C' と鎖交する電流 I' [A] は，断面内を電流が一様に流れているので次のように表せます．

$$I' = I\left(\frac{\rho'}{a}\right)^2 \quad [\text{A}] \tag{4·44}$$

よって，円柱内部の磁界は，式 (4·43) の電流 I に式 (4·44) を代入することで次のように求められます．

$$H_\phi = \frac{I'}{2\pi\rho'} = \frac{I\rho'}{2\pi a^2} \quad [\text{A/m}] \tag{4·45}$$

以上によって求められた円柱内外の磁界の ρ に対する変化を図 4·14 に示します．円柱の内部では磁界の強さは半径に比例して増加し，外部では $1/\rho$ で減少します．また，式 (4·43) は，式 (4·18) で求められた無限長線状電流によるものと同じです．したがって，電流が円柱の断面内に一様に流れても，また，その中心に集中して流れても，それによってつくられる円柱の外側の磁界は同じです．

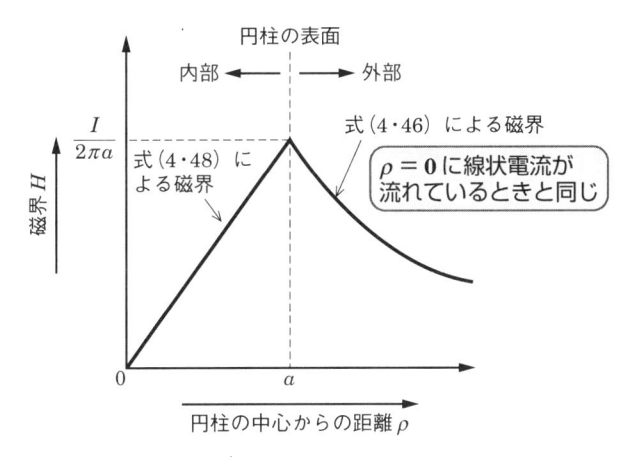

図 4・14 無限長円柱形電流による磁界

4 磁界中の電流に働く力

　磁界中を電荷が移動することによって電荷は力を受けます．この力の大きさから磁束密度を定義し，電流が磁界から受ける力の関係をフレミングの左手の法則として示します．また，磁界中におかれた電流の流れている導線が受ける力を考えます．

磁束密度の定義

　図 4・15 のように，一様な磁界 H〔A/m〕に対して直角方向に q〔C〕の電荷が速度 v〔m/s〕で移動するとき，この電荷は磁界と電荷の速度ベクトルでつくる面に対して垂直方向に次式で定義される F〔N〕の力を受けます．

$$F = \mu_0 q v H \quad 〔\text{N}〕 \tag{4・46}$$

　ここで，磁界と同じ向きを持ったベクトル量として**磁束密度 B** を次のように定義します．

$$\boldsymbol{B} = \mu_0 \boldsymbol{H} \quad 〔\text{T}〕 \tag{4・47}$$

　B を用いると式（4・46）は次のように表されます．

$$F = qvB \quad 〔\text{N}〕 \tag{4・48}$$

　したがって，1C の電荷が速度 1m/s で移動したときに，電荷が 1N の力を受け

4章 電流と磁界

図4・15 運動電荷が磁界から受ける力

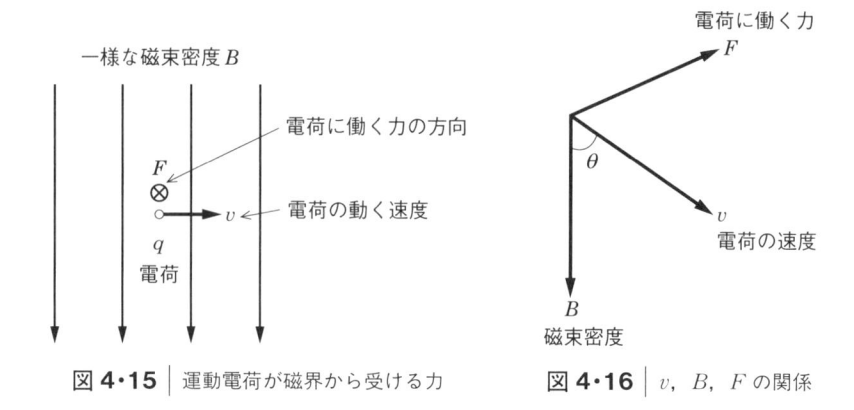

図4・16 v, B, F の関係

る磁束密度の大きさ B を1T（テスラ）と定義します．これは，電界の強さを単位正電荷に働く力の大きさとして定義したものに対応します．

電荷の速度を v〔m/s〕，磁束密度を B〔T〕とベクトルで表すとき，電荷が磁界から受ける力 F〔N〕は次のようになります．

$$F = qv \times B \quad 〔N〕 \tag{4・49}$$

なお，v, B, F は図**4・16**に示すような関係にあるとき，v と B のなす角を θ として力の大きさが次のように求められます．

$$F = qvB\sin\theta \quad 〔N〕 \tag{4・50}$$

ここで，磁束密度 B〔T〕が一定とみなせる程度の小さな面積 dS〔m^2〕において，磁束密度と dS との積

$$\Phi = BdS \quad 〔Wb〕 \tag{4・51}$$

を**磁束**と定義します．磁束の単位はウェーバ〔Wb〕として表され，〔Wb〕=〔Tm^2〕と表せます．したがって，磁束密度が1T であるとき，これに垂直な面 1m^2 あたり 1Wb の磁束が通り抜けます．なお，電束の単位が電荷と同じ〔C〕であることは，3章で示したとおりですが，磁束に対しても同様な関係を定義することができ，これについては次章で説明します．

また，式（4・47）より**透磁率**の単位〔Tm/A〕=〔Wb/Am〕を，新たな単位ヘンリー〔H〕=〔Wb/A〕を導入して，〔H/m〕と表します．なお，真空中の透磁率 μ_0 は $4\pi \times 10^{-7}$〔H/m〕です．

4 磁界中の電流に働く力

フレミングの左手の法則

前節で説明したように，電荷が磁界中を移動すると力を受けます．したがって，磁界中にある導体に電流が流れると導体に力が働きます．**図4・17**の断面積S〔m²〕の導線内にq〔C〕の電荷が単位体積あたりn〔個/m³〕存在し，平均速度v〔m/s〕で移動しているとき，式（4・2）より導線中を流れる電流は次のように表されます．

$$I = nqvS \quad \text{〔A〕} \tag{4・52}$$

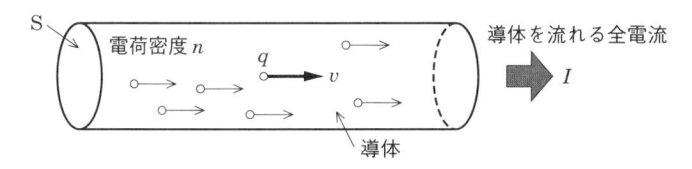

図4・17 導体中を移動する電荷

なお，導線が十分に細いとき，電流の方向と速度ベクトルの向きは同一になるので式（4・52）は次のように表せます．

$$\boldsymbol{I} = nqS\boldsymbol{v} \quad \text{〔A〕} \tag{4・53}$$

導線の単位長さあたり$nS \times 1$〔個〕の電荷が含まれており，単位長さの導線に働く力は式（4・52）から次のように求められます．

$$\boldsymbol{F} = nSq\boldsymbol{v} \times \boldsymbol{B} \quad \text{〔N/m〕} \tag{4・54}$$

式（4・53），（4・54）より，電流I〔A〕が流れている単位長さあたりの導線に働く力が次式で求められます．

$$\boldsymbol{F} = \boldsymbol{I} \times \boldsymbol{B} \quad \text{〔N/m〕} \tag{4・55}$$

電流の方向と磁束密度，および力の向きは**図4・18**に示すようになり，電流と磁束密度のなす角度がθのとき，電流の単位長さあたりの受ける力の大きさは次式で表されます．

$$F = IB\sin\theta \quad \text{〔N/m〕} \tag{4・56}$$

ここで，$\theta = 90°$のとき，電流と磁束密度，および電流の受ける力が互いに垂直になり，この関係を**図4・19**に示す**フレミングの左手の法則**とよび，人差し指の方向を磁束密度の方向，中指の方向を電流の向きとしたとき，電流の受ける力の向きは親指の向きとなることを表しています．

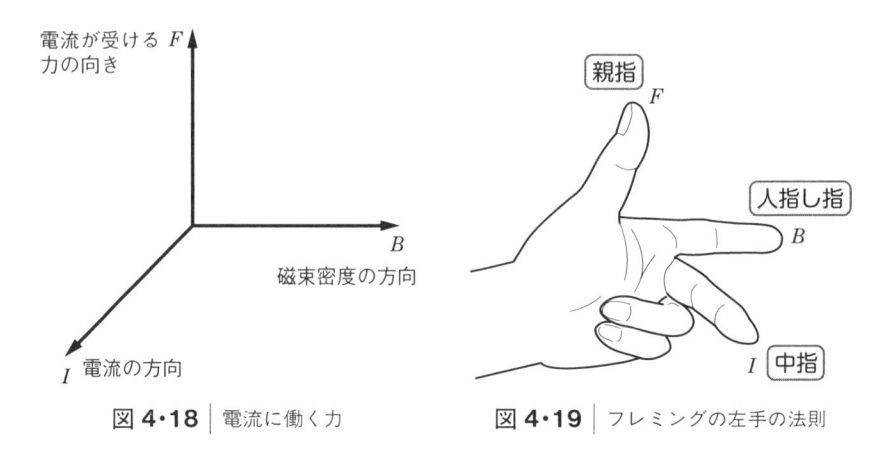

4章 電流と磁界

図 4・18 電流に働く力

図 4・19 フレミングの左手の法則

磁界中におかれたコイルに働くトルク

電流の流れている導線が磁界から受ける力を電磁力とよび，モータなど電気によって機械力を発生させるときに利用されます．ここで，図 4・20 に示す一様な磁束密度 B〔T〕中で，一辺の長さが a〔m〕の正方形コイルに I〔A〕の電流が流れているとき，コイルの受けるトルクを求めてみます．なお，コイルは点 O を軸として回転します．

コイルの面と磁束密度の角度を図 4・20 に示す ϕ とします．フレミングの左手の

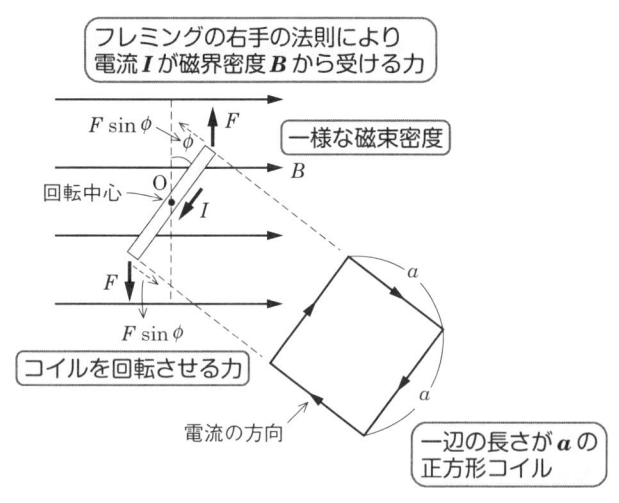

図 4・20 コイルに働くトルク

86

法則にしたがって各辺には図 4·20 に示す力が働きますが、左右に働く力 F は互いに逆向きであるので打ち消し合い、上下の辺を流れる電流に働く力 F のみがコイルの回転に寄与します。したがって、磁束密度から受ける力の大きさは、式(4·56)において、$\theta=90°$ として、コイルの一辺の長さが a〔m〕であることから求められます。

$$F = IBa \quad 〔N〕 \tag{4·57}$$

したがって、コイルが受けるトルクはコイルを回転させる力が $F\cos\phi$ となり上下に働くので 2 倍し、回転軸からコイルの一辺までの距離 a を乗じて次のようになります。

$$T = 2F\frac{a}{2}\sin\phi = Ia^2B\sin\phi \quad 〔Nm〕 \tag{4·58}$$

式 (4·58) より、コイルの面が磁束密度と平行であるときトルクは最大値 Ia^2B〔Nm〕となり、コイルの面が磁束密度と垂直になるときトルクは 0 となります。

このように、一様な磁束密度の中におかれたコイルに電流を流すと、フレミングの左手の法則によってコイルは力を得て回転します。これが、モータの原理です。

電流が流れている平行導線間に働く力

図 **4·21** に示す 2 本の平行導線 1, 2 に電流が流れているときには、一方の導線に流れる電流が他方に磁界をつくるため、フレミングの左手の法則によって 2 本の導線間に力が働きます。2 本の導線に同じ向きに I_1, I_2〔A〕の電流が流れていて、

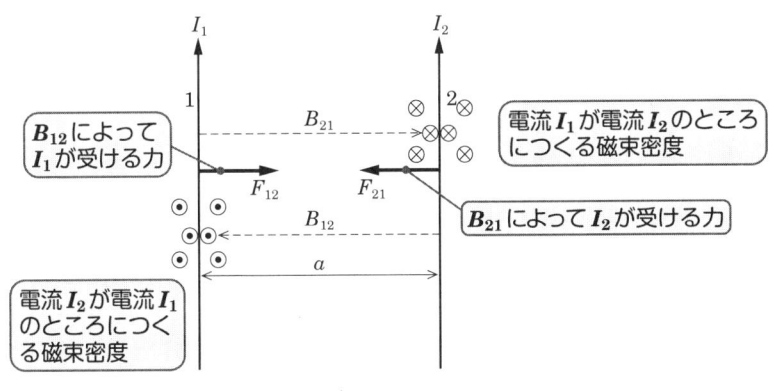

図 4·21 平行導線間に働く力

導線の長さは間隔 a〔m〕に比べて十分に長いものとします．このとき，電流 I_1 によって導線 2 の位置につくられる磁束密度 B_{21} は紙面垂直方向で紙面の表から裏へ向かう向きとなり，その大きさは式 (4・18) から次のように求められます．

$$B_{21} = \frac{\mu_0 I_1}{2\pi a} \ 〔\mathrm{T}〕 \tag{4・59}$$

したがって，導線 2 の単位長さあたりに働く力の大きさは，式 (4・56) で $\theta = 90°$ として，式 (4・59) を代入して次のように求められます．

$$F_{21} = I_2 B_{21} = \frac{\mu_0 I_1 I_2}{2\pi a} \ 〔\mathrm{N}〕 \tag{4・60}$$

また，電流 I_2 によって導線 1 の位置につくられる磁界から導線 1 の受ける力も同様にして求め，次式となります．

$$F_{12} = \frac{\mu_0 I_1 I_2}{2\pi a} \ 〔\mathrm{N}〕 \tag{4・61}$$

このように，2 本の導線間の単位長さあたりに働く力の大きさは互いに等しくなり，力の向きはフレミングの左手の法則より互いに引き合う向きとなります．また，導線に流れる電流の向きが互いに逆向きのとき導線間に働く力は反発力となります．

したがって，1 A の電流が流れる間隔 1 m の 2 本の導線に対して，単位長さあたりに働く力の大きさは 2×10^{-7} N/m です．ここで，真空中の透磁率 μ_0 は，間隔 1 m の 2 本の導線に 1 A の電流が流れたときに働く力が 2×10^{-7} N となるように定義されます．力の測定は比較的容易であり，このようにして真空中の透磁率の値が決定されています．

練習問題

- 【1】 1Aの電流が流れているとき，1s間に何個の自由電子が導線の断面内を通過していますか．
- 【2】 無限に長い導線から距離 $a=10\,\text{cm}$ の位置で磁界の強さを $1\,\text{A/m}$ とするために必要な電流値を求めなさい．
- 【3】 図 4·20 のコイルの寸法を $a=3\,\text{cm}$，巻数を $N=500$ 回としたときに，電流を $10\,\text{mA}$ 流し，磁束密度が $0.4\,\text{T}$ の中で回転するときのトルクの最大値を求めなさい．
- 【4】 地球表面近くでの磁界の強さは約 $25\,\text{A/m}$ です．ここで，十分に長い導線を南北方向に方位磁石から $30\,\text{cm}$ 上方に離して張ったとき，磁石のN極が北西の方角を向くようにするために必要な導線に流す電流の値とその向きを求めなさい．
- 【5】 電流 I〔A〕が流れている直線電流の長さ L〔m〕の導線の中心から垂直方向に d〔m〕離れた位置での磁界の強さを求めなさい．
- 【6】 図 4·12 に示す環状ソレノイド内において，その半径が $20\,\text{cm}$，巻数 500 回で $2\,\text{A}$ の電流が流れているとき，ソレノイドの中心線上での磁界の強さを求めなさい．
- 【7】 一様な磁束密度 B〔T〕の中に，磁束の方向と垂直に入射した速度 v〔m/s〕，電荷量 $-e$〔C〕，質量 m〔kg〕の電子はどのような運動をしますか．
- 【8】 間隔が $1\,\text{cm}$ の平行導線間に $10\,\text{mA}$ の電流が逆向きに流れています．このとき導線間の単位長さあたりに働く力はいくらですか．

5章 電磁誘導とインダクタンス

→ モータは電気的な力を機械的な力に変換するので，その逆の過程となる発電機も実現できるはずです．この原理が電磁誘導の法則，または，発見した人物にちなんでファラデーの法則ともよばれます．4章までとの大きな違いは電流が時間的に変化する交流が必要になることです．電荷が動いている電流を蓄えておくことは難しいのですが，電流がつくる磁界のエネルギーとして蓄えることができるコイルがあります．そして，電磁誘導の法則を利用してこのコイルの特性を知ることができます．

→ 本章では，電磁誘導の法則について詳しく説明した後，機械的な力を電気的な力に変換する発電機の原理を説明し，二つの力と磁束の関係を表すフレミングの右手の法則を示します．次に，コンデンサと並んで電気回路の部品として重要なコイルについて，その特性を表すインダクタンスの定義とその導出方法を具体的例とともに示して説明します．

1 ファラデーの法則

　電流によって磁界が発生することから，磁界から電流を発生できないかと考え，実験に取り組んだのがファラデーです．ファラデーが実験的に見いだした結果を簡単に図式化したものが**図 5・1** です．コイルにつながれた検流計 A は，コイルの中におかれた棒磁石を引き抜いたときと，コイルの中に入れたときに電流を検出します．すなわち，

　「コイルと鎖交する磁束が変化するときに，その変化の割合に比例した起電力がコイルに発生します．この起電力を誘導起電力といいます．」

これを**ファラデーの法則**といいます．回路に流れる電流と磁束の方向は，図 5・1 のようにアンペアの右ねじの法則と同じ向きとして定義すると，この磁束が減少していくとき，その減少率に比例して図 5・1 に示す方向に電流が流れます．なお，このような磁束の変化によって回路に電流が流れることを**電磁誘導**とよび，この

5章 電磁誘導とインダクタンス

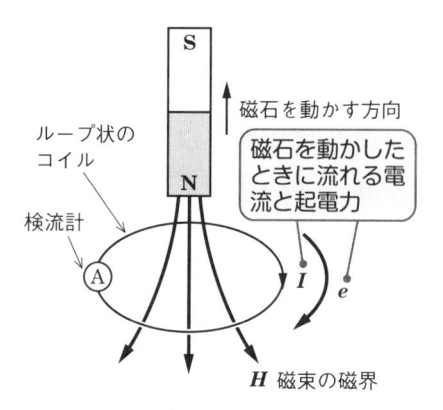

図 5・1 ファラデーの法則

ときにコイルに生じる誘導起電力によって流れる電流を**誘導電流**といいます．

磁束の変化と誘導起電力によって発生する電流の関係を表したものを**レンツの法則**とよび，次のように定義されます．

「電磁誘導によって発生する誘導電流は，その電流によってつくられる磁束が，ループと鎖交する磁束の変化を妨げる向きとなる．」

したがって，図5・1において磁束が増加するときは，電流の向きは図に示したものと逆向きとなります．そして，誘導起電力と磁束変化は，次に示す**ノイマンの法則**によって定量的に関係づけられます．

「コイルと鎖交している磁束が時間変化するとき，その減少の割合と等しい誘導起電力が発生する．」

コイルと鎖交する磁束を Φ〔Wb〕，時間を t〔s〕とするとき，ノイマンの法則は次のように表せます．

$$e = -\frac{d\Phi}{dt} \quad \text{〔V〕} \tag{5・1}$$

なお，式（5・1）を電磁誘導の法則，またはファラデーの法則とよびます．

磁束変化によって発生する誘導起電力は，**図 5・2** に示すようにコイルの一部に設けられたギャップから取り出します．誘導起電力によって誘導電流が発生するということは，コイルの導線内を電荷が移動することを意味します．したがって，電荷には電界によって力が働くと考え，このギャップがループの長さに比べて十分に小さいとき，発生する誘導起電力 e〔V〕はループCに沿って電界 E〔V/m〕を周回積分した値として次のように得られます．

1 ファラデーの法則

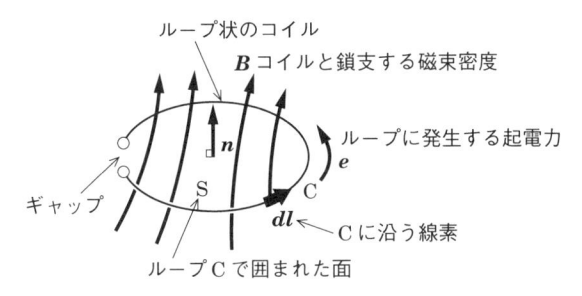

図 5・2 ループに発生する誘導起電力

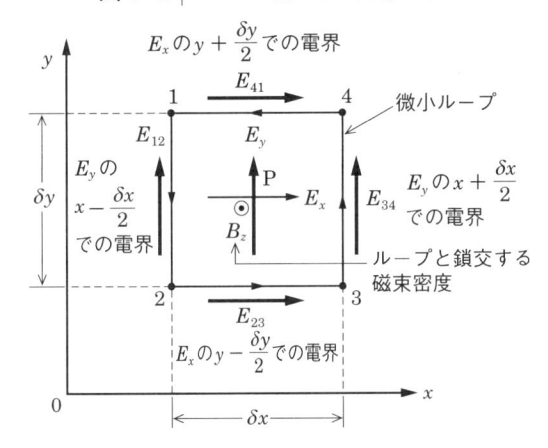

図 5・3 xy 面内での微小ループ

$$e = \oint_C \bm{E} \cdot \bm{dl} \tag{5・2}$$

また，コイルと鎖交する磁束 $\varPhi$〔Wb〕は，ループ C で囲まれた図 5・2 に示す S 内での磁束密度 $\bm{B}$〔Wb/m²〕の面積積分によって求められ，

$$\varPhi = \int_S \bm{B} \cdot \bm{n} dS \tag{5・3}$$

となります．よって，式（5・2）は次のような積分表示式となります．

$$\oint_C \bm{E} \cdot \bm{dl} = -\frac{\partial}{\partial t} \int_S \bm{B} \cdot \bm{n} dS \quad 〔V〕 \tag{5・4}$$

また，式（5・4）の微分表示式は，4章3節のアンペアの周回積分の法則と同様にして求められます．

まず，式（5・4）の左辺の積分を，図 **5・3** に示す微小ループで考えます．各辺の長さが $(\delta x, \delta y)$〔m〕の方形ループの中心を P 点 (x, y) とし，P 点での電界を

(E_x, E_y) とすると各辺での電界の成分は次のように表せます．

$$E_{12} = E_y - \frac{\partial E_y}{\partial x}\frac{\delta x}{2} \tag{5・5}$$

$$E_{34} = E_y + \frac{\partial E_y}{\partial x}\frac{\delta x}{2} \tag{5・6}$$

$$E_{23} = E_x - \frac{\partial E_x}{\partial y}\frac{\delta y}{2} \tag{5・7}$$

$$E_{41} = E_x + \frac{\partial E_x}{\partial y}\frac{\delta y}{2} \tag{5・8}$$

ここで，このループに沿って周回積分を行ってみます．

$$\oint_C \boldsymbol{E} \cdot \boldsymbol{dl} = \left(\frac{\partial E_y}{\partial x} - \frac{\partial E_x}{\partial y}\right)\delta x \delta y \tag{5・9}$$

このループに垂直な成分は z 方向成分だけなので，右辺の面積積分は次のように表せます．

$$\int_S \boldsymbol{B} \cdot \boldsymbol{n} dS = B_z \delta x \delta y \tag{5・10}$$

式 (5・9) と式 (5・10) を式 (5・4) に代入すれば，次の関係式が得られます．

$$\frac{\partial E_y}{\partial x} - \frac{\partial E_x}{\partial y} = -\frac{\partial B_z}{\partial t} \tag{5・11}$$

同様にして，yz 面，zx 面に微小ループを考えれば以下の関係式が求められます．

$$\frac{\partial E_z}{\partial y} - \frac{\partial E_y}{\partial z} = -\frac{\partial B_x}{\partial t} \tag{5・12}$$

$$\frac{\partial E_x}{\partial z} - \frac{\partial E_z}{\partial x} = -\frac{\partial B_y}{\partial t} \tag{5・13}$$

また，式 (5・11)〜(5・13) を，式 (1・23) で定義された微分演算子 ∇ を用いて表せば，ファラデーの法則の微分表示式が次のように得られます．

$$\nabla \times \boldsymbol{E} = -\frac{\partial \boldsymbol{B}}{\partial t} \tag{5・14}$$

2 誘導起電力

電磁誘導によって起電力が発生することを応用したものが発電機です．ここでは，一様な磁束中でコイルが回転したときに交流が発生することを示します．ま

た，磁束中を導線が動くときに，導線に発生する起電力の関係を表すフレミングの右手の法則を説明します．

交流の発生

図 **5・4** に示すように，一様な磁束密度 B〔Wb/m²〕中を，巻数 N 回，断面積 S〔m²〕のコイルが，O を中心として角速度 ω〔rad/s〕で回転しているものとします．コイルの面の法線ベクトル $\boldsymbol{n}$ と，磁束密度のなす角が θ〔rad〕であるとき，コイルと鎖交する磁束 $\varPhi$〔Wb〕は次のように表せます．

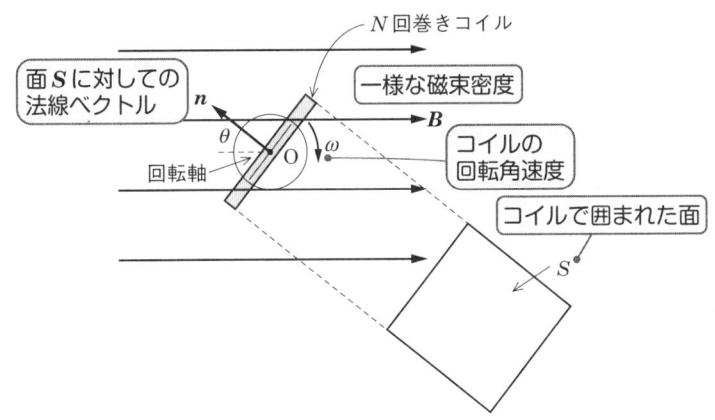

$$\varPhi = NBS\cos\theta \quad 〔\text{Wb}〕 \tag{5・15}$$

図 5・4 磁束中で回転するコイル

時間を t として，$\theta = \omega t$ となることから，式 (5・15) を，式 (5・1) に代入することで，コイルが回転するときに発生する誘導起電力が次のように求められます．

$$e = -\frac{d\varPhi}{dt} = -\frac{d}{dt}NBS\cos(\omega t) = NBS\omega\sin(\omega t) \quad 〔\text{V}〕 \tag{5・16}$$

したがって，一様な磁束密度中をコイルが一定速度で回転するときには，振幅 $NBS\omega$，角速度 ω の正弦波交流電圧がコイルに発生します．これによって，機械的なコイルの回転から電気を発生することができるので，発電機の基本原理となります．

フレミングの右手の法則

次に一様な磁界中を導体が動くときに，導体に発生する起電力を求めます．図

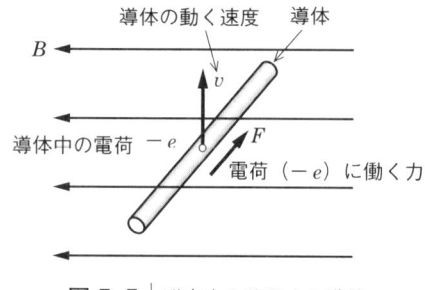

図 5・5 磁束中を移動する導線

5・5 に示す一様な磁束密度 B〔Wb/m²〕中を，導体が速度 v〔m/s〕で動いているとき，導体中の自由電子も速度 v で動きます．このとき，磁界中を電荷が動くと考えれば，式（4・49）より電荷量 $-e$〔C〕の自由電子には次の力が働きます．

$$F = -ev \times B \quad \text{〔N〕} \tag{5・17}$$

電荷に力が働くとき，その電荷には次式で示す電界 E〔V/m〕が働いていると考えられます．

$$F = -eE \quad \text{〔N〕} \tag{5・18}$$

したがって，式（5・17），（5・18）より，自由電子に次式で示す電界が加えられているとみなせます．

$$E = v \times B \quad \text{〔V/m〕} \tag{5・19}$$

導体は一様な磁界中を動いているので，自由電子に働く電界は導体のどの部分でも等しく，導体の長さが l〔m〕のとき，導体に加わる起電力 e〔V〕が求められます．

$$e = v \times Bl \quad \text{〔V〕} \tag{5・20}$$

磁束の方向と導体の動く方向が直角のとき，導体に発生する起電力の方向，すなわち，導体に流れる誘導電流の方向は，磁束と導線の動く方向の双方に直角となります．このとき，図 **5・6** に示すように，磁束の向きが人差し指，導体の移動方向が親指，誘導電流の方向が中指となり，この関係を**フレミングの右手の法則**といいます．図 5・5 の力の方向は，負の電荷を持つ電子に働く力ですので，図 5・6 の電流の向きと逆向きの関係になることに注意が必要です．

このように磁束中を導体が動くとき，導体が磁束を切ると表現し，磁束を切ることによって誘導起電力が発生するといいます．

2 誘導起電力

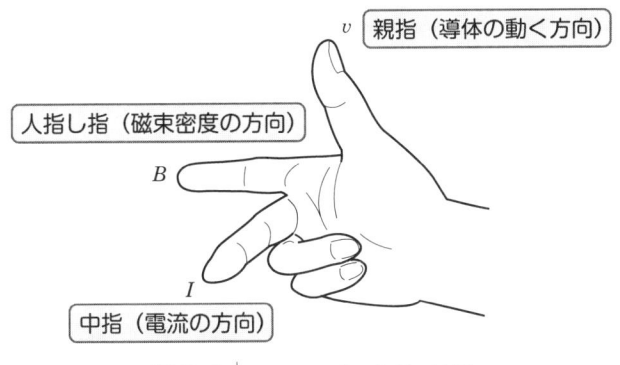

図 5・6 フレミングの右手の法則

電気機械エネルギー変換

4章4節で磁界中の電流が受ける力を説明し，本節では磁界中を動く導体に発生する誘導起電力を求めました．この関係はフレミングの左手と右手の法則で示すように，互いに相対の関係にあり，応用面では，モータと発電機の関係となります．ここで，モータは電気的なエネルギーを機械的なエネルギーに変換し，発電機はその逆の変換を行います．これらの作用を**電気機械エネルギー変換**とよび，その関係を説明します．

図 **5・7** に示すように，一様な磁束密度 B〔Wb/m^2〕の中を，長さ l〔m〕の導体が速度 v〔m/s〕で動いているとします．このとき，フレミングの右手の法則にしたがって，図に示す誘導起電力

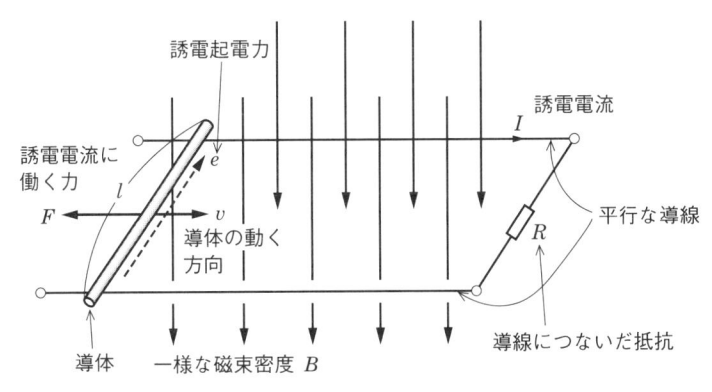

図 5・7 電気機械エネルギー変換

$$e = vBl \quad [\text{V}] \tag{5・21}$$

が発生します．ここで，図5・7に示すように，移動する導体が平行な導線に接しているとき，導体に発生した誘導電流 I [A] は，導線に接続された抵抗 R [Ω] に流れ，電流の大きさは次式となります．

$$I = \frac{e}{R} = \frac{vBl}{R} \quad [\text{A}] \tag{5・22}$$

このとき，抵抗で消費される単位時間あたりの電気的なエネルギー w_e [J/s] は，次のように求められます．

$$w_e = eI = \frac{(vBl)^2}{R} \quad [\text{J/s}] \tag{5・23}$$

以上より，時間 t [s] で導体が動いたときに抵抗で消費される電気的なエネルギー W_e は，式 (5・23) を用いて次のように求められます．

$$W_e = w_e t = \frac{(vBl)^2}{R} t \quad [\text{J}] \tag{5・24}$$

一方，導体に電流が流れると，フレミングの左手の法則によって導体には左向きに次に示す力 F [N] が発生します．

$$F = IBl \quad [\text{N}] \tag{5・25}$$

したがって，導体を右方向に一定の速度で動かすためには F [N] と同じ力を加える必要があります．導体を速度 v [m/s] で，時間 t [s] の間動かしたときに必要な機械的な仕事 W_m [J] は次式で求められます．

$$W_m = Fvt = IBlvt = \frac{(vBl)^2}{R} t \quad [\text{J}] \tag{5・26}$$

したがって，図5・7において，導体を移動させるために要した機械的なエネルギー W_m と，抵抗で消費された電気的なエネルギー W_e は等しくなります．

なお，式 (5・26) において導体が動いた距離は vt [m] となるので，lvt [m^2] は導体が磁束を切った面積となります．したがって，$Blvt$ は導体が移動したときに切った全磁束 Φ [Wb] と考えることができ次のように表されます．

$$W_m = IBlvt = I\Phi \quad [\text{J}] \tag{5・27}$$

式 (5・27) は導体が磁束中を移動したときの仕事が，導体を流れる電流と導体が切った磁束との積になることを示しています．

3 インダクタンス

コイルに電流を流すと磁束が生じますが，このとき磁束と電流の関係を表すのがインダクタンスです．ここでは，まず，インダクタンスの定義を示し，自己インダクタンスおよび相互インダクタンス間の関係を求めます．また，相互インダクタンスを持つコイルを接続したときの合成インダクタンスを計算します．

自己インダクタンス

電荷を蓄えるコンデンサの容量は，一定の電圧を加えたときにコンデンサに蓄えられる電荷量を表しています．コイルに電流を流すとコイル内に磁束ができます．このときコイルに流した電流 I〔A〕と，それによって生じる磁束 $\varPhi$〔Wb〕は比例関係にあり，その比例定数を**自己インダクタンス** L と定義します．すなわち，

$$\varPhi = LI \quad 〔\text{Wb}〕 \tag{5・28}$$

と表します．式 (5・28) より自己インダクタンスの単位は〔Wb/A〕となりますが，これをヘンリー〔H〕で表します．

図 **5・8** において，自己インダクタンスが L〔H〕であるコイルにおいて，流れる電流 I〔A〕が時間変化しているとき，ファラデーの法則によって次式で表される誘導起電力 e〔V〕が生じます．

$$e = -\frac{d\varPhi}{dt} = -L\frac{dI}{dt} \quad 〔\text{V}〕 \tag{5・29}$$

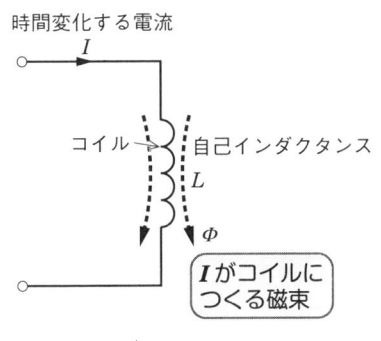

図 **5・8**｜自己インダクタンス

この起電力を**逆起電力**とよび,コイルに流れる電流の毎秒1Aの割合での変化に対して,コイルに1Vの逆起電力が発生するとき,自己インダクタンスは1Hであると定義します.

相互インダクタンス

図**5・9**に示す二つのコイル1, 2に,それぞれ電流 I_1, I_2〔A〕が流れているものとします.電流 I_1 によってつくられる磁束のうち,図5・9(a)に示すコイル2と鎖交するものを Φ_{21}〔Wb〕と表し,このときの比例定数を M_{21}〔H〕として次のように表します.

$$\Phi_{21} = M_{21} I_1 \quad \text{〔Wb〕} \tag{5・30}$$

同様に,電流 I_2 によってつくられる磁束のうちコイル1と鎖交する磁束 Φ_{12}〔Wb〕は次のように表せます.

$$\Phi_{12} = M_{12} I_2 \quad \text{〔Wb〕} \tag{5・31}$$

ここでの比例定数 M_{12}, M_{21} を**相互インダクタンス**とよび,相反性より次の関係式が成り立ちます.なお,相反性については次節で証明します.

$$M_{12} = M_{21} \tag{5・32}$$

ここで,相互インダクタンスと自己インダクタンスの関係を求めます.図5・

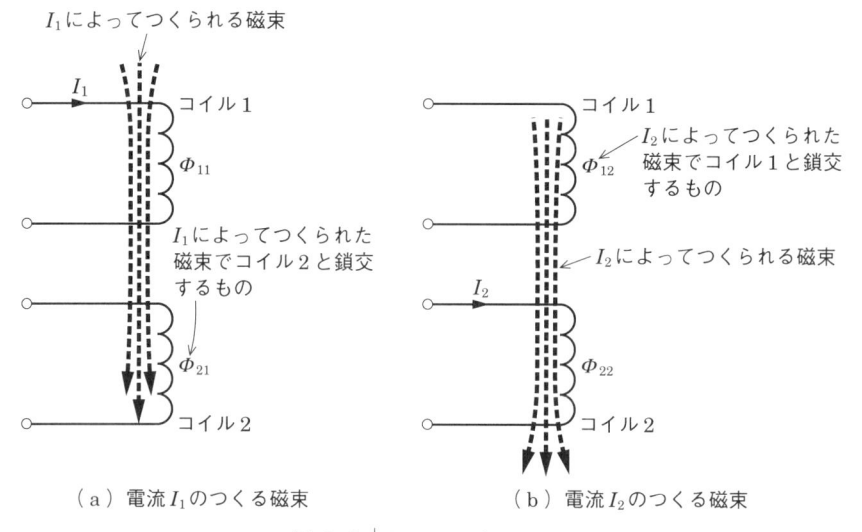

(a)電流 I_1 のつくる磁束　　　　(b)電流 I_2 のつくる磁束

図**5・9**　相互インダクタンス

3 インダクタンス

9(a)において，コイル1に電流 I_1〔A〕が流れたとき，電流 I_1〔A〕がコイル1につくる磁束 Φ_{11}〔Wb〕は，コイル2につくる磁束 Φ_{21}〔Wb〕よりも大きくなります．これは，Φ_{11} の一部がコイル2とは鎖交せずに漏れるためです．$\Phi_{11}=L_1I_1$，$\Phi_{21}=M_{21}I_1$ と表せるので次の関係式が成り立ちます．

$$\Phi_{11} \geq \Phi_{21}$$
$$L_1 \geq M_{21} \tag{5・33}$$

この関係は，M_{12}，L_2 についても成り立つので，相互インダクタンスと自己インダクタンスの間には，相反性より $M_{21}=M_{12}=M$ として次のように表せます．

$$M^2 = k^2 L_1 L_2 \tag{5・34}$$

係数 k は**結合係数**とよばれ，その絶対値は1以下となり，二つのコイルが磁気的にどれだけ結合しているのかを表す量です．

インダクタンス系のエネルギーと相反性

ここで，インダクタンスとコイルに流れる電流から系のエネルギーを求める．図 **5・10**(a) に示すように，コイル1に流れている電流 i〔A〕を，時間 dt〔s〕間に $i+di$〔A〕に増加させたとき，コイル1に発生する逆起電力は式 (5・29) より次のようになります．

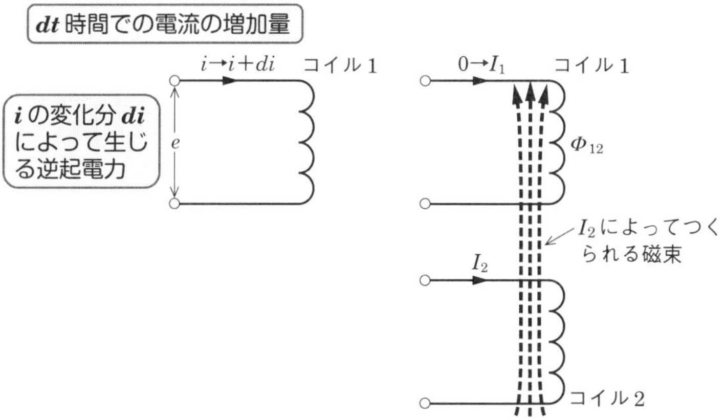

(a) コイル1での電流変化と逆起電力　(b) I_2 がコイル1につくる磁束

図 **5・10** │ インダクタンス系のエネルギー

$$e = -L_1 \frac{di}{dt} \quad \text{(V)} \tag{5・35}$$

したがって，コイル1に電流 i を流し続けるためには，次の起電力を加える必要があります．

$$e' = -e \quad \text{(V)} \tag{5・36}$$

また，dt〔s〕間に消費されるエネルギー量 dW〔J〕は次式で与えられます．

$$dW = e'idt = L_1 \frac{di}{dt} idt = L_1 idi \quad \text{(J)} \tag{5・37}$$

したがって，コイル1に流れる電流を0Aから I_1〔A〕まで増加させるときに要するエネルギー W_{11}〔J〕が次のように求めれます．

$$W_{11} = \int_0^{I_1} L_1 idi = \frac{1}{2} L_1 I_1^2 \quad \text{(J)} \tag{5・38}$$

次に図5・10(b) に示すように，コイル2に流れる電流によって，コイル1につくられる Φ_{12}〔Wb〕の磁束に対して，コイル1に電流を I_1〔A〕流したときを考えます．コイル1の電流 I_1 は磁束 Φ_{12} を切ったことになるので，そのときに要する仕事は，式 (5・27) により

$$W_{12} = I_1 \Phi_{12} = M_{12} I_1 I_2 \quad \text{(J)} \tag{5・39}$$

となります．図5・10(b) においてコイル1に蓄えられるエネルギー W_1 は W_{11} と W_{12} の和で与えられ，

$$W_1 = W_{11} + W_{12} = \frac{1}{2} L_1 I_1^2 + M_{12} I_1 I_2 \quad \text{(J)} \tag{5・40}$$

となります．このとき，コイル2は電流 I_2〔A〕が流れているので，式 (5・38) より

$$W_{22} = \frac{1}{2} L_2 I_2^2 \quad \text{(J)} \tag{5・41}$$

で与えられるエネルギーをすでに持っています．

したがって，コイル1，2の系全体として持つ総エネルギー W は次のようになります．

$$W = W_1 + W_{22} = \frac{1}{2} L_1 I_1^2 + M_{12} I_1 I_2 + \frac{1}{2} L_2 I_2^2 \quad \text{(J)} \tag{5・42}$$

式 (5・42) の計算では，コイル1の電流を0Aから I_1〔A〕まで増加させましたが，これとは逆にコイル1に電流 I_1〔A〕を流しておいた状態で，コイル2の電流を0Aから I_2〔A〕まで増加させたときの系のエネルギー W'〔J〕は，次のようにな

ります．

$$W' = \frac{1}{2}L_2I_2^2 + M_{21}I_1I_2 + \frac{1}{2}L_1I_1^2 \quad [\text{J}] \tag{5・43}$$

電流を流す順序を変えても最終的な状態は同じであるので，W と W' は等しく，これを**相反性が成り立つ**といい，次の関係式が導かれます．

$$M_{12} = M_{21} \tag{5・44}$$

相互インダクタンスのあるコイルの接続

図 **5・11** に示すように，相互インダクタンスが $M\,[\text{H}]$ で，自己インダクタンスが $L_1\,[\text{H}]$ と $L_2\,[\text{H}]$ の二つのコイルを直列接続した場合を考えます．図 5・11(a) のように，同じ方向に巻いてある二つのコイルに流れる電流 $I\,[\text{A}]$ の向きは同方向とします．ここで，端子 b と c を接続したときに流れる電流が時間的に変化すると，それぞれのコイルに発生する起電力は以下のようになります．

$$e_1 = -L_1\frac{dI}{dt} - M\frac{dI}{dt} \quad [\text{V}] \tag{5・45}$$

$$e_2 = -L_2\frac{dI}{dt} - M\frac{dI}{dt} \quad [\text{V}] \tag{5・46}$$

したがって，端子 ad 間の電位差 $e\,[\text{V}]$ が次のように求められます．

$$e = e_1 + e_2 = -L_1\frac{dI}{dt} - M\frac{dI}{dt} - L_2\frac{dI}{dt} - M\frac{dI}{dt} \tag{5・47}$$

$$= -(L_1 + L_2 + 2M)\frac{dI}{dt} \quad [\text{V}]$$

以上より，図 5・11(a) のように直列接続されたコイルの合成インダクタンス $L\,[\text{H}]$ は，次のようになります．

$$L = L_1 + L_2 + 2M \quad [\text{H}] \tag{5・48}$$

また，図 5・11(b) のように，互いに巻き方が逆向きである二つのコイルを接続すると，相互インダクタンスが $-M\,[\text{H}]$ となります．したがって，このときの合

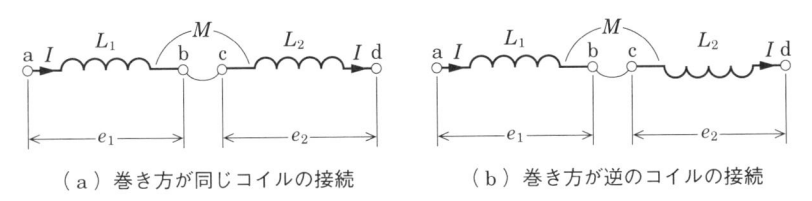

（a）巻き方が同じコイルの接続　　（b）巻き方が逆のコイルの接続

図 5・11 ｜ コイルの直列接続

成インダクタンスは，式 (5・48) において $M=-M$ とすることにより次のように求められます．

$$L=L_1+L_2-2M \quad 〔H〕 \tag{5・49}$$

以上に示したように，相互インダクタンスを持つコイルを接続するときには，二つのコイルの巻き方によって，合成インダクタンスが異なってくることに注意する必要があります．

磁気的エネルギー

環状ソレノイド内の磁界 H〔A/m〕は式 (4・43) で与えられるので，環状ソレノイドと鎖交する磁束 Φ〔Wb〕は，コイルの巻数が N 回であることから磁束の鎖交回数が N 倍になることに注意すれば次のように表せます．

$$\Phi=N\mu_0 HS=\frac{\mu_0 N^2 IS}{2\pi a} \quad 〔Wb〕 \tag{5・50}$$

式 (5・28) の自己インダクタンスの定義にしたがい，環状ソレノイドの自己インダクタンス L〔H〕が次式により求められます．

$$L=\frac{\Phi}{I}=\frac{\mu_0 N^2 S}{2\pi a} \quad 〔H〕 \tag{5・51}$$

自己インダクタンスが L〔H〕であるコイルに，I〔A〕の電流が流れているとき，コイルに蓄えられるエネルギーは式 (5・38) より次のように与えられます．

$$W=\frac{1}{2}LI^2=\frac{1}{2}\frac{\mu_0 N^2 S}{2\pi a}I^2 \quad 〔J〕 \tag{5・52}$$

図 4・12 で示した環状ソレノイドの体積は $2\pi aS$〔m³〕ですので，ソレノイド内の単位体積あたりのエネルギー密度 w〔J/m³〕は次のようになります．

$$w=\frac{W}{2\pi aS}=\frac{1}{2}\mu_0\left(\frac{NI}{2\pi a}\right)^2 \quad 〔J/m^3〕 \tag{5・53}$$

ここで，環状ソレノイド内の磁束密度 B〔Wb/m²〕が次式で表されます．

$$B=\frac{\mu_0 NI}{2\pi a} \quad 〔Wb/m^2〕 \tag{5・54}$$

エネルギー密度 w は B を用いて次のように書きあらためられます．

$$w=\frac{1}{2}\frac{B^2}{\mu_0} \quad 〔J/m^3〕 \tag{5・55}$$

したがって，磁界と磁束密度の関係，$B=\mu_0 H$ を用いて式 (5・55) を表すと w は次のように表現できます．

$$w = \frac{1}{2}BH = \frac{1}{2}\mu_0 H^2 \quad [\text{J/m}^3] \tag{5・56}$$

式（5・56）の関係式は，真空中に磁界が存在するときの空間に蓄えられる磁気的エネルギーを表しています．これは3章3節で導いた電界が存在するときの電気的エネルギー，式（3・54）に対応するものです．

4 インダクタンスの計算例

前節で説明したインダクタンスの定義により，いくつかの具体的な例について自己インダクタンスと相互インダクタンスを求めます．

導線内部の自己インダクタンス

図 **5・12** に示すように，半径 a[m] の導線内部に一様に分布した電流 I[A] が流れているときの，導線内部の自己インダクタンスを求めます．なお，導線内部の透磁率は真空中と同じ μ_0 とします．

導線の中心から半径 ρ[m] の内側に流れる電流 I_ρ は次式で求められます．

$$I_\rho = \left(\frac{\rho}{a}\right)^2 I \quad [\text{A}] \tag{5・57}$$

導線の中心軸に対しての磁界の軸対称性とアンペアの周回積分の法則から次式が得られます．

$$\oint_C \boldsymbol{B} \cdot \boldsymbol{dl} = \mu_0 I_\rho \tag{5・58}$$

したがって，半径 ρ[m] での磁束密度 B_ϕ[Wb/m^2] が次のように求められます．

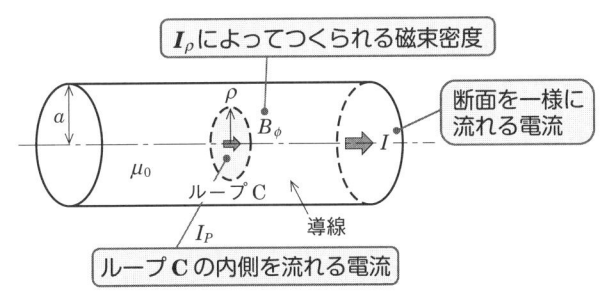

図 5・12 導線内部の自己インダクタンス

$$B_\phi = \frac{\mu_0}{2\pi\rho}\left(\frac{\rho}{a}\right)^2 I \quad [\mathrm{Wb/m^2}] \tag{5・59}$$

ここで，導線単位長さあたりのインダクタンスを $L[\mathrm{H/m}]$ とすれば，式(5・55)の導線内部の磁気的エネルギー密度から，次の関係式が得られます．

$$\frac{1}{2}LI^2 = \int_S \frac{B_\phi^2}{2\mu_0}dS \tag{5・60}$$

式（5・60）の右辺の面積分は，導線の断面で行えばよいので次式が求められます．

$$\frac{1}{2}LI^2 = \int_0^a \frac{B_\phi^2}{2\mu_0}2\pi\rho d\rho = \frac{\mu_0 I^2}{16\pi} \tag{5・61}$$

以上より，導線内部の単位長さあたりの自己インダクタンスが次のように求められます．

$$L = \frac{\mu_0}{8\pi} \quad [\mathrm{H/m}] \tag{5・62}$$

式（5・62）から明らかなように，導線内部の自己インダクタンスは導線の半径に無関係な値として求められます．

平行往復導線のインダクタンス

電力を伝送する送電線では，図 **5・13** に示す平行往復導線に互いに逆向きの電

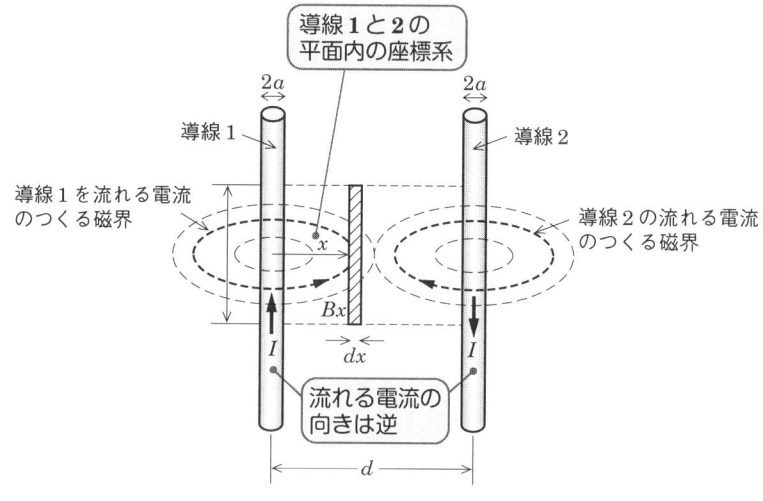

図 5・13 | 平行往復導線の自己インダクタンス

流 I〔A〕が流れているとみなせます．導線の間隔 d〔m〕がその長さより十分短ければ，導線1から距離 x〔m〕での磁束密度 B_x〔Wb/m²〕は，式（4・23）で求めた無限長線状電流による磁界から次のように表せます．

$$B_x = \frac{\mu_0 I}{2\pi x} \quad \text{〔Wb/m²〕} \tag{5・63}$$

なお，この磁束の向きは2本の導線のつくる平面に対して紙面垂直方向下向きです．導線1と2には逆向きに電流が流れているので二つの導線を流れる電流によってつくられる磁束は導線の間で同じ向きとなり，導線1から x〔m〕離れたところでの磁束密度は次のようになります．

$$B_x = \frac{\mu_0 I}{2\pi x} + \frac{\mu_0 I}{2\pi (d-x)} \quad \text{〔Wb/m²〕} \tag{5・64}$$

ここで，平行往復導線間の図 5・13 で斜線で示した単位長さあたりの部分を通る全磁束 Φ〔Wb〕は，平行導線間の磁束密度を面積積分することで次のように求められます．なお，積分の範囲では，導線の半径 a〔m〕を考慮します．

$$\begin{aligned}
\Phi &= \int_a^{d-a} B_x \times 1 \, dx \\
&= \int_a^{d-a} \left\{ \frac{\mu_0 I}{2\pi x} + \frac{\mu_0 I}{2\pi (d-x)} \right\} dx \\
&= \frac{\mu_0 I}{\pi} \ln \frac{d-a}{a} \quad \text{〔Wb〕}
\end{aligned} \tag{5・65}$$

以上より，平行往復導線の単位長さあたりの自己インダクタンスが次式で求められます．

$$L = \frac{\Phi}{I} = \frac{\mu_0}{\pi} \ln \frac{d-a}{a} \quad \text{〔H/m〕} \tag{5・66}$$

なお，導線の半径 a は導線間の間隔 d に比べて十分小さく無視できると仮定すれば，式（5・66）は次のように近似できます．

$$L \simeq \frac{\mu_0}{\pi} \ln \frac{d}{a} \quad \text{〔H/m〕} \tag{5・67}$$

この自己インダクタンスは導線間を鎖交する磁束によるものであり，導線内に一様に電流が流れているときは導線内部にも磁束をつくるため，二つの導線による前節で示した導線内部の自己インダクタンスを加えたものが，往復平行導線の自己インダクタンスとなり，次のように表されます．

$$L \simeq \frac{\mu_0}{\pi} \ln \frac{d}{a} + \frac{\mu_0}{8\pi} \quad \text{〔H/m〕} \tag{5・68}$$

ソレノイドコイル間の相互インダクタンス

図 **5・14** に示すような電流 I_1〔A〕の流れる，巻数 N_1 回，断面積 S〔m^2〕，半径 a〔m〕の環状ソレノイドコイルの外側に，巻数 N_2 回の短いソレノイドコイルを巻いたものについて相互インダクタンスを求めてみます．

環状ソレノイド内の磁束 Φ〔Wb〕は，式 (5・54) にソレノイドの断面積を乗じて次のように求められます．

$$\Phi = \frac{\mu_0 N_1 I_1}{2\pi a} S \quad \text{〔Wb〕} \tag{5・69}$$

短いソレノイドコイルが環状ソレノイドに十分接近して巻いてあれば，環状ソレノイド内の磁束 Φ は，すべて短いソレノイドコイルと鎖交します．したがって，短いソレノイドと鎖交する磁束 Φ_{21} は，巻数が N_2 回であることから次のようになります．

$$\Phi_{21} = N_2 \Phi = N_2 \frac{\mu_0 N_1 I_1 S}{2\pi a} \quad \text{〔Wb〕} \tag{5・70}$$

相互インダクタンスの定義式 (5・30) にしたがって，コイル間の相互インダクタンス M が次のように求められます．

$$M = \frac{\Phi_{21}}{I_1} = \frac{\mu_0 N_1 N_2}{2\pi a} S \quad \text{〔H〕} \tag{5・71}$$

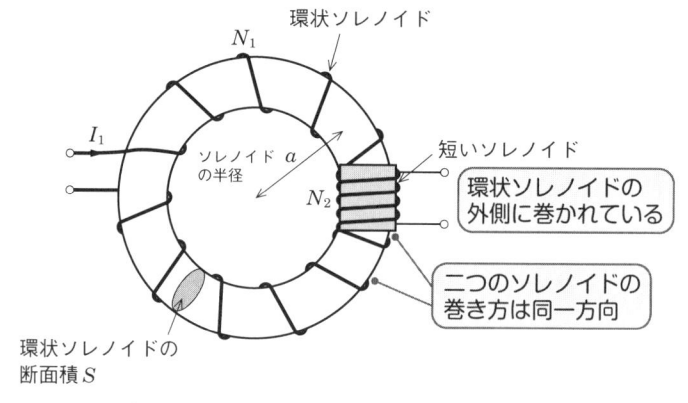

図 **5・14** ｜環状ソレノイドに巻かれたコイルの相互インダクタンス

練 習 問 題

【1】 磁束密度 $B=0.5\,\mathrm{T}$ の中で，断面積 $S=30\,\mathrm{cm}^2$ で巻数 50 回のコイルを，毎秒 60 回転させました．このとき発生する交流の振幅値を求めなさい．

【2】 二つのコイルの自己インダクタンス L_1，L_2 が，それぞれ $0.2\,\mathrm{mH}$ と $0.5\,\mathrm{mH}$ であるとき，相互インダクタンスが $0.04\,\mathrm{mH}$ でした．このときの結合係数の値を求めなさい．

【3】 テレビのアンテナ線などに使用されるフィーダ線は平行往復導線とみなせます．線の半径を $0.5\,\mathrm{mm}$，線の間隔を $1\,\mathrm{cm}$ としたとき，単位長さあたりの自己インダクタンスを求めなさい．ただし，導線自身の内部インダクタンスは無視します．

【4】 図 5·15 に示すように一様な磁束密度 $B\,[\mathrm{T}]$ 中で，半径 $a\,[\mathrm{m}]$ の導体円板が，磁界と平行な導体の中心軸のまわりで角速度 $\omega\,[\mathrm{rad/s}]$ で回転するとき，抵抗 $R\,[\Omega]$ に流れる電流を求めなさい．ただし，導体の抵抗は無視できるものとします．

【5】 図 5·16 に示す 1 辺が $a\,[\mathrm{m}]$ の正方形のコイルに $I\,[\mathrm{A}]$ の電流が流れています．このコイルをすべて図の破線に示すように一様な磁束密度 $B\,[\mathrm{T}]$ 中に入れるのに必要な仕事はいくらですか．

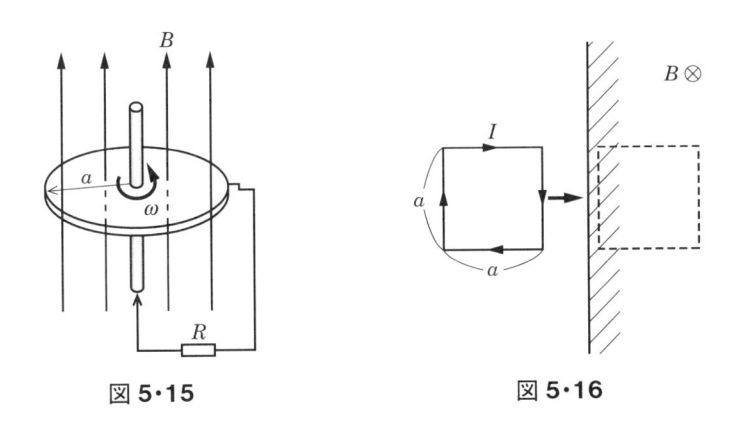

図 5·15   図 5·16

【6】 一様に巻かれた無限長コイルにおいて，単位長さあたりの巻数が n 回で，その断面積が S〔m²〕であるとき，単位長さあたりの自己インダクタンスを求めなさい．

【7】 図 **5・17** に示すように十分に長く，単位長さあたり n 回/m 巻いてあるソレノイドコイル内に断面積 S〔m²〕，巻数 N_1 回のコイルがその中心軸を φ だけ傾けて挿入されているとき相互インダクタンスを求めなさい．

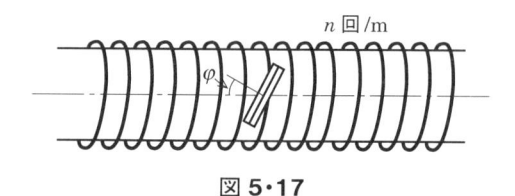

図 **5・17**

【8】 2 組の平行往復導線が距離 D〔m〕離れて，すべての線が同一平面内で平行になるように配置されたときの単位長さあたりの相互インダクタンスはいくらですか．ただし，平行往復導線の間隔を d〔m〕とします．

6章 磁性体

→ コイルに蓄えられる磁気的なエネルギーは磁性体という物質を用いることで増加することができます．磁性体の中には微小な永久磁石が無数に存在していると考えてよいので，これらの現象は磁化率や比透磁率を用いて電磁気学的に説明することができます．磁性体が誘電体と大きく異なるのは外部から加える磁界の強さの変化によってヒステリシス損失というものが生じることです．また，磁性体を用いた電気回路をつくるときには磁気回路という概念を使うことができます．

→ 本章では磁性体の性質について，磁性体中の微小な永久磁石である磁気モーメントを定義して，磁化率，比透磁率や減磁率といった評価量を用いて説明します．そして，磁性体特有の現象であるヒステリシス特性について，磁性体中の磁気的なエネルギーに注目して，ヒステリシス損失を導出します．また，磁束密度に関するガウスの定理を定義し，磁性体の境界条件や細長い永久磁石の先端に仮定できる磁荷と，その磁荷に対するクーロンの法則を導きます．そして，誘電体と磁性体の対比から電気回路に対応させた磁気回路を考え，磁性体を含んだ電気回路の問題を解く手法について説明します．

1 磁性体

　物質に磁界をかけると，物質の性質によって物質中での磁束が変化します．このような性質を持つ物質を磁性体とよび，その特性について調べます．また，磁性体を評価する量として磁化率と減磁率を説明します．

磁気現象

　図 **6・1** のソレノイドコイルに電流を流し，ソレノイド内にある物質の磁界を一定にすると，物質の性質によって物質中での磁束が変化します．鉄やニッケルのように真空中のときに比べて磁束が増加するものを**強磁性体**，ごくわずか増加するものを**常磁性体**，また，減少するものを**反磁性体**といいます．このような性質

6章 磁　性　体

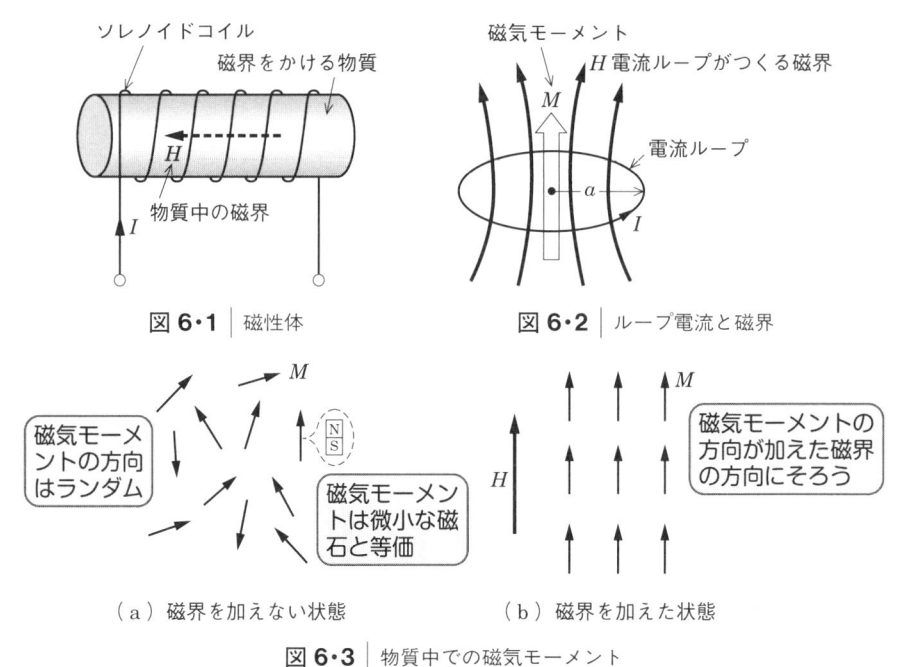

図 6・1 磁性体

図 6・2 ループ電流と磁界

（a）磁界を加えない状態　　（b）磁界を加えた状態

図 6・3 物質中での磁気モーメント

は，物質中の原子内に存在する微小電流ループの配列によって説明されます．

　物質中では，原子核のまわりの軌道を回転運動する電子がその軌道上でスピン運動をしており，この二つの運動が電流のループをつくります．電流ループが存在すれば4章2節で示した磁界をつくり，その関係を示したものが図 6・2 です．

　ここで，ループ電流の大きさ I〔A〕に，ループの面積を乗じものを**磁気モーメント** m と定義し，その方向はループ中心にできる磁界の方向を示し，大きさを次式で定義します．

$$m = I\pi a^2 \ \ \text{〔Am}^2\text{〕} \tag{6・1}$$

磁気モーメントと磁界の方向が同じなので，物質中の磁界は磁気モーメントを用いて考えることができます．また，磁気モーメントは微小な磁石と考えることもできます．

　図 6・3(a) のように，物質中での磁気モーメントはランダムな方向を向いています．この状態で物質に磁界 H〔A/m〕を加えると，磁気モーメントは H の方向にその一部がそろい，外部から加えた磁界は時期モーメントで終端し，物質中での磁界は減少します．これは，誘電体に電界を加えたとき，誘電体中での分極に

1 磁　性　体

よって誘電体中の電界の強さが減少したことに対応します．そして，外部からの磁界を取り除くともとのランダムな状態に戻ります．このような性質を示すのが常磁性体です．強磁性体では，磁気モーメント間の結合が強く，一方向にそろいやすいので，磁界を加えると図6・3(b)のように配列し，外部からの磁界を取り除いてもこの性質を保つことができます．反磁性体では，加えた磁界と逆向きに磁気モーメントが配列する性質を持っています．

このように，磁気モーメントが磁性体中の磁界の強さを決定するため，単位体積あたりに含まれる磁気モーメントを**磁化の強さ** M〔A/m〕と定義します．

磁化の強さ

図6・1のソレノイドコイル内が真空のとき，磁界の強さと，磁束密度の関係は式（4・50）で示したように $B=\mu_0 H$ となります．ソレノイドコイル内に磁性体を入れると，物質中での磁束密度 B〔T〕は，加えた磁界 H〔A/m〕に磁気モーメントによる磁化の強さ M〔A/m〕を加えたものとして次のように表されます．

$$B=\mu_0(H+M) \quad 〔T〕 \tag{6・2}$$

磁化の強さ M〔A/m〕は，かけた磁界に比例するので，その比例定数を**磁化率** χ として次のように定義します．

$$M=\chi H \quad 〔A/m〕 \tag{6・3}$$

式（6・3）を式（6・2）に代入すると，磁性体の透磁率を μ として次の関係式が得られます．

$$B=\mu_0(1+\chi)H=\mu H \quad 〔T〕 \tag{6・4}$$

$$\mu=\mu_0(1+\chi) \tag{6・5}$$

上式より，物質の**比透磁率** μ_r が次のように定義されます．

$$\mu_r=\frac{\mu}{\mu_0}=1+\chi \tag{6・6}$$

磁化率 χ によって磁性体を分類すると，強磁性体では χ は数百から数千ですが，常磁性体では $10^{-5}\sim 10^{-4}$，また，反磁性体では -10^{-5} 程度です．

減磁率

磁界と磁束密度の関係について，**図6・4**に示すように一様な磁界中に磁性体があるときについて考えます．磁性体中の磁気モーメントは，小さな永久磁石とみ

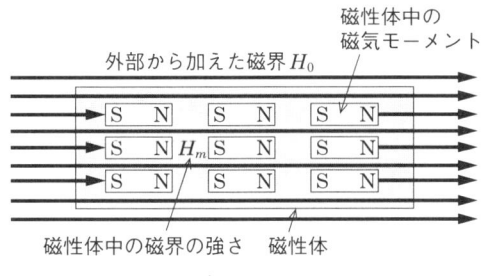

図 6・4 磁界と磁束密度

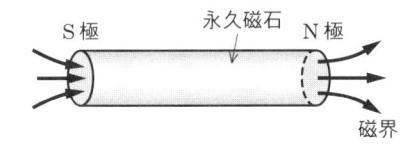

図 6・5 棒状永久磁石

なせるので，磁性体に入り込んだ磁界は，磁気モーメントで終端します．したがって，図6・4からわかるように，磁力線，すなわち，磁界は磁性体中と真空中では不連続となります．

ここで，誘電体の存在によって電界が不連続となるとき，電荷からは媒質にかかわらず一定の電束が生じると考えたように，磁束密度は媒質にかかわらず一定とします．したがって，図6・4に示す磁性体中での磁界の強さ H_m 〔A/m〕は，外部から加えられる真空中の磁界の強さ H_0〔A/m〕から，次式で示すように減少します．

$$H_m = \frac{1}{\mu_r} H_0 \quad \text{〔A/m〕} \tag{6・7}$$

ここで，H_m の減少は，磁性体中の磁気モーメントの大きさ M に比例するので，この減少の度合いを減磁率を N として次のように表します．

$$H_m = H_0 - NM \quad \text{〔A/m〕} \tag{6・8}$$

減磁率は，磁性体の透磁率と形状によって決まり，0～1の値をとります．

図 6・5 に示す棒状永久磁石では，外部から磁界が加えられていないため式(6・8)において $H_0=0$ となり，磁性体内部での磁界は次式のように表されます．このとき，永久磁石の減磁率を，**自己減磁率**とよびます．

$$H_m = -NM \quad \text{〔A/m〕} \tag{6・9}$$

2 ヒステリシス特性

前節で説明したように,磁性体に磁界を加えると,磁性体内部の磁気モーメントが配列します.磁性体中での磁束密度は,その大部分が磁気モーメントによるものなので,加えている磁界を大きくすると磁性体中の磁束密度は飽和します.また,外部からの磁界を取り除いた後も磁性体から磁束を生じる現象があります.

これはヒステリシス特性という磁性体特有の性質です.ここでは,このヒステリシス特性を説明し,そのときに要するエネルギーとヒステリシス損失について考えます.

ヒステリシスループ

図 6・6 のように,磁性体をソレノイドコイル内に挿入し,コイルに流す電流の向きと大きさを変えて,磁性体に加える磁界の強さを変化させます.磁界をまったくかけていない磁性体を磁化すると,図 6・7 の破線で示したように,加える磁界を強くすると磁性体中の磁束密度は増加します.しかし,加える磁界の強さが H_m〔A/m〕以上になると,磁性体中の磁束密度は B_s〔T〕の値で飽和します.この B_s を**飽和磁束密度**とよびます.磁界の強さを H_m〔A/m〕から減少させると,磁束密度も減少しますが,その軌跡は破線と同じにはなりません.磁束密度は,実線上を減少し,磁界の強さを 0 A/m としても,磁性体中に磁束密度 B_r〔T〕が残り,これを**残留磁束密度**といいます.

次にコイルに流れる電流の向きを反転させ,かける磁界の向きを反転させると,磁性体中の磁束密度は減少し,$-H_c$〔A/m〕の磁界を加えたときに磁性体中の磁束

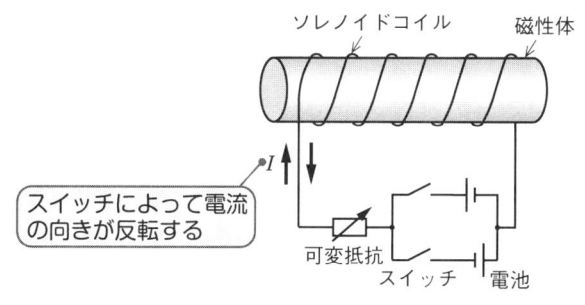

図 6・6 磁性体の磁化

6章 磁性体

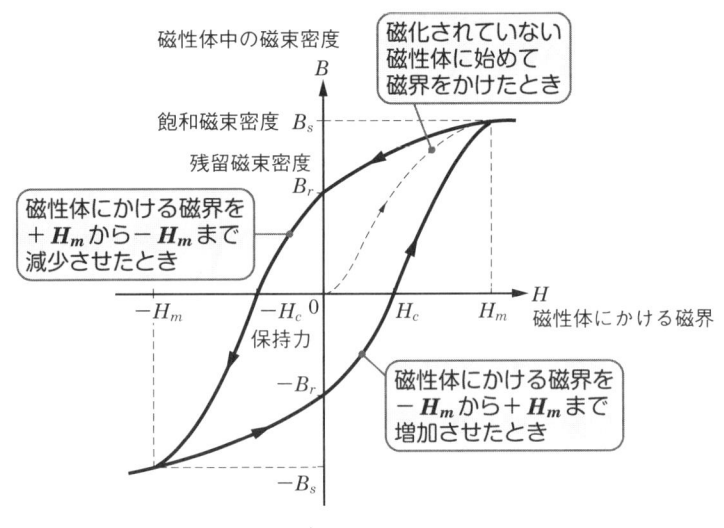

図 6・7 ヒステリシスループ

(図中ラベル: 磁性体中の磁束密度 B、飽和磁束密度 B_s、残留磁束密度 B_r、磁性体にかける磁界を $+H_m$ から $-H_m$ まで減少させたとき、磁化されていない磁性体に始めて磁界をかけたとき、$-H_m$、$-H_c$、0、H_c、H_m、保持力、磁性体にかける磁界 H、$-B_r$、磁性体にかける磁界を $-H_m$ から $+H_m$ まで増加させたとき、$-B_s$)

密度が 0 となります．このときの H_c〔A/m〕を**保磁力**とよびます．さらに，逆向きの磁界を増加させると，磁束密度は $-B_s$〔T〕で飽和し，その後磁界の強さを減少させればループ特性を描きます．このループを**ヒステリシスループ**といいます．

ここで，ヒステリシスループから磁性体の特性を考えてみます．磁性体を電磁石として利用するためには，少ない電流で電磁石が他の磁性体を吸い付けたり，離したりできるように H_c〔A/m〕が小さく，B_r〔T〕の大きなものが望まれます．また，永久磁石として使用するためには，外部から逆向きの磁界を加えても，その特性を打ち消されないように H_c〔A/m〕の大きいものが望まれます．

ヒステリシス損失

磁性体を磁化するためには外部から磁気的なエネルギーを加える必要があり，図 6・6 の回路では，電流を流すことによって磁性体中の磁化を行いました．ここでは，ヒステリシスループの一周に要するエネルギーを，磁性体中の磁気的エネルギーの増減から求めます．

磁性体中の磁気的なエネルギーは式 (5・56) で求めたように，$(1/2)\,BH$〔J/m³〕として与えられます．ここで，**図 6・8** において，磁性体中の磁束密度が B〔T〕から $B+dB$〔T〕まで増加した場合を考えます．このとき，単位体積あたりの磁気的エ

2 ヒステリシス特性

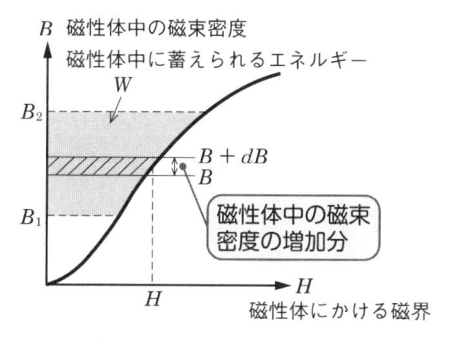

図 6・8 磁束密度の増加と要するエネルギー

ネルギーの増加 dW〔J/m³〕は次のようになります．

$$dW = \frac{1}{2} H dB \quad \text{〔J/m}^3\text{〕} \tag{6・10}$$

したがって，磁性体中の磁束密度を B_1〔T〕から B_2〔T〕まで増加させると，磁性体中に蓄えられる単位体積あたりのエネルギー W〔J/m³〕は，次の積分によって求められ，その値は $B=B_1$, B_2 と曲線で囲まれた面積と等しくなります．

$$W = \frac{1}{2} \int_{B_1}^{B_2} H dB \quad \text{〔J/m}^3\text{〕} \tag{6・11}$$

次にヒステリシスループを描くのに必要なエネルギーを考えてみます．**図 6・9**(a)のループ上のP点からQ点までのエネルギーの計算において，$H > 0$ ですが，磁束密度は減少するため $dB < 0$ となって，この区間でのエネルギーは負となります．エネルギーが負となることは，磁性体から外部へのエネルギーの放出を意味します．式 (6・11) の定義にしたがって計算すると，P点からQ点までのエネルギー W_{PQ}〔J〕は，斜線部で示す面積 S_{PQ} に等しくなり，次のようになります．

$$W_{PQ} = -\frac{1}{2} \int_P^Q H dB = -S_{PQ} \quad \text{〔J/m}^3\text{〕} \tag{6・12}$$

同様にして，Q点からR点，R点からS点，S点からP点までのエネルギーは，それぞれ，図 6・9(a)，(b) に示す S_{QR}，S_{RS}，S_{SP} に対応し，その符号に注意すれば，ループを一周したときのエネルギーは，$-S_{PQ} + S_{QR} - S_{RS} + S_{SP}$ となってヒステリシスループで囲まれた面積に等しくなります．

このエネルギーはヒステリシスループを一周することによって失われるエネルギーで，これを**ヒステリシス損失**とよび，磁性体中での熱損となって失われます．

6章 磁性体

(a) P→Q→Rのエネルギー　(b) R→S→Pのエネルギー

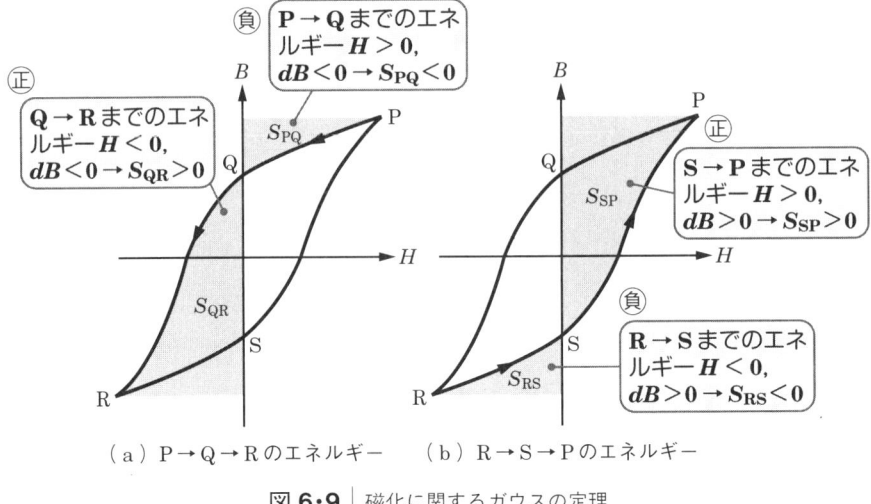

図 6・9 | 磁化に関するガウスの定理

3 磁界と磁束密度の境界条件

磁束密度に関する重要な定理であるガウスの定理を説明します．このガウスの定理とアンペアの周回積分の法則を用いて，異なる磁性体が接しているときの境界条件を求めます．また，棒状永久磁石の端部に磁荷と等価なものを仮定し，磁界に関するクーロンの法則を導きます．

磁束密度についてのガウスの定理

図 **6・10** に示す任意の閉曲面 S において，磁束密度の積分を行うことを考えます．磁束は電流によって発生し，必ずループとなるので，閉曲面内に入った磁束はすべて外へ出ていきます．したがって，面積積分を行うと，磁束の向きと面の法線ベクトルの向きが互いに逆向きとなり磁束の総和としては 0 となります．これを積分表示で次のように表せます．

$$\int_S \boldsymbol{B} \cdot \boldsymbol{n} dS = 0 \tag{6・13}$$

式 (6・13) は **磁束密度についてのガウスの定理** とよばれます．1 章 2 節で説明した電界に関するガウスの定理と同様に微分表示式で表せば次式となります．

3 磁界と磁束密度の境界条件

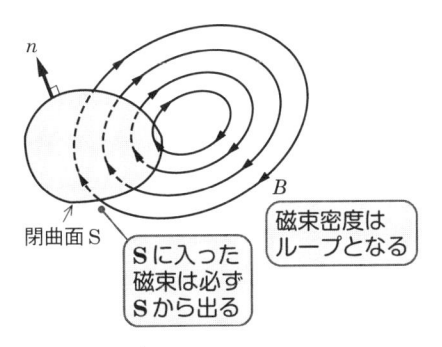

図 **6・10** 磁束に関するガウスの定理

$$\nabla \cdot \boldsymbol{B} = 0 \tag{6・14}$$

電束密度についてのガウスの定理では，積分した値は閉曲面内に存在する電荷量と等しくなります．しかし，磁束を発生する磁荷は存在せず，必ず磁束がループとなって積分値が 0 となるので，電荷が存在する電束密度についてのガウスの定理とは異なります．

境界条件

異なる透磁率を持つ磁性体が接しているとき，磁界と磁束密度の満たすべき境界条件を，3 章 2 節での電界と電束密度の境界条件と同様に求めます．

境界面で，図 **6・11** のように，透磁率 μ_1, μ_2 を持つ異なる磁性体 1，2 が接して

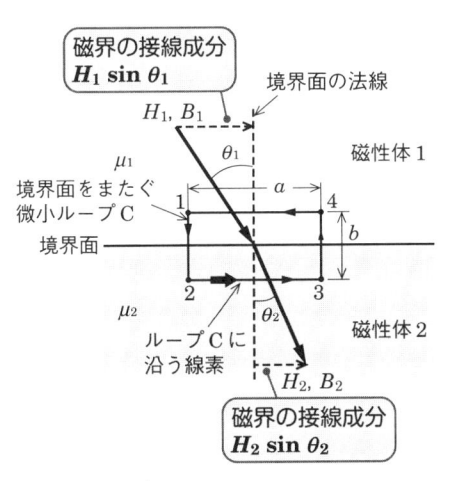

図 **6・11** 磁界と磁束密度の境界条件

いるものとします．図 6·11 において，磁界と磁束密度は，磁性体 1 から境界面の法線方向に対して角度 θ_1 で入射して，磁性体 2 への出射角度を θ_2 とします．各磁性体が等方性であるとき，それぞれの磁性体中の磁界，磁束密度 H_1, H_2, B_1, B_2 には以下の関係式が成り立ちます．

$$B_1 = \mu_1 H_1 \tag{6·15}$$

$$B_2 = \mu_2 H_2 \tag{6·16}$$

まず，境界面での磁界の境界条件を求めるため，境界面をまたぐ微小の方形ループ C を考えます．このループ C に沿ってアンペアの周回積分を行うと，ループ内に電流が存在しないため，周回積分の値は 0 となります．

$$\oint_C \boldsymbol{H} \cdot \boldsymbol{ds} = 0 \tag{6·17}$$

ここで，$\boldsymbol{ds}$ はループに沿う線積分の線素です．ループ C において，$1 \to 2$, $3 \to 4$ の長さ b は，長さ a に比べて十分に短く無視できるものとすれば，磁界の境界面での接線成分が $H_i \sin \theta_i$ ($i = 1, 2$) となることから，次式が得られます．

$$-H_1 \sin \theta_1 a + H_2 \sin \theta_2 a = 0 \tag{6·18}$$

上式から，境界面での磁界の接線成分に対する境界条件が次のように求められます．

$$H_1 \sin \theta_1 = H_2 \sin \theta_2 \tag{6·19}$$

次に，磁束密度の境界条件を，**図 6·12** に示す境界面を貫く微小のピルボックスを用いて考えます．このピルボックスを閉曲面として，式（6·13）で定義された磁束密度に関するガウスの定理より次式が得られます．

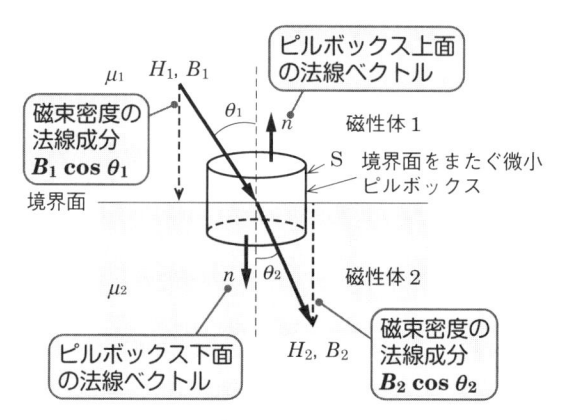

図 6·12 境界面とピルボックス

$$\int_S \boldsymbol{B} \cdot \boldsymbol{n} dS = 0 \tag{6・20}$$

ここで，面積積分を実行する閉曲面 S をピルボックスの表面として，ピルボックスの高さが十分に小さいものとすれば，この面での積分を無視して閉曲面での積分はピルボックスの上下面のみとなります．このとき，上下面に垂直な磁束密度の成分は，$B_i \cos \theta_i$ $(i=1, 2)$ となることから磁束密度に対する境界条件が得られます．

$$B_1 \cos \theta_1 = B_2 \cos \theta_2 \tag{6・21}$$

さらに，式 (6・15)，(6・16) の関係から，式 (6・21) の磁束密度の境界条件を磁界で表すと，次式が得られます．

$$\mu_1 H_1 \cos \theta_1 = \mu_2 H_2 \cos \theta_2 \tag{6・22}$$

以上より，式 (6・19) と，式 (6・22) により，磁性体境界面での磁界と磁束の屈折の条件が次のように求められます．

$$\frac{\tan \theta_1}{\tan \theta_2} = \frac{\mu_1}{\mu_2} \tag{6・23}$$

式 (6・23) より，透磁率の大きい媒質から，小さい媒質へ磁界が入射するとき，$\mu_1 > \mu_2$ の関係から，$\theta_1 > \theta_2$ となり，屈折角は小さくなります．なお，式 (6・19) は磁性体境界面で磁界の接線成分が連続であることを示し，式 (6・21) は境界面で磁束密度の法線成分の連続性を示しています．

磁界に関するクーロンの法則

図 **6・13** のような，十分に細い永久磁石の端部から生じる磁界をガウスの定理を用いて求めてみます．磁束についてのガウスの定理を適用する閉曲面を，永久

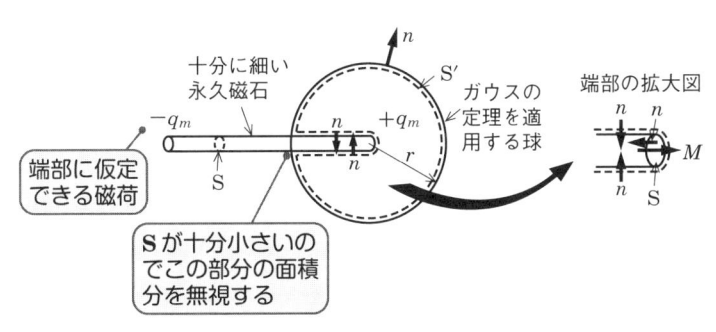

図 **6・13** ｜ 棒状永久磁石端部に仮定した磁荷

磁石端部を中心とした半径 r〔m〕の球とします．式 (6·13) に式 (6·2) を代入すると次式が得られます．

$$\int_S \boldsymbol{B}\cdot\boldsymbol{n}dS = \int_S \mu_0(\boldsymbol{H}+\boldsymbol{M})\cdot\boldsymbol{n}dS = 0 \tag{6·24}$$

上式から，次の関係式が求められます．

$$\int_S \boldsymbol{H}\cdot\boldsymbol{n}dS = -\int_S \boldsymbol{M}\cdot\boldsymbol{n}dS \tag{6·25}$$

式 (6·25) の積分において，永久磁石の断面積 S〔m^2〕が十分に小さいものとすれば，球面は図 6·13 の破線で示す曲面 S' と近似することができます．永久磁石が十分に細ければ，磁石に沿った面は互いに法線方向が逆となるので，面積積分は互いに打ち消し合い，磁石端部のみの積分が残ります．ここで，閉曲面の法線ベクトルの向きが磁石の内部に向かう方向で，式 (6·25) の右辺の面積積分は $-MS$ となり，次の関係式が得られます．

$$\int_S \boldsymbol{H}\cdot\boldsymbol{n}dS = MS \tag{6·26}$$

磁石が十分に細ければ，端部を中心とする半径 r〔m〕の球面上で磁界 H_r〔A/m〕は一定とみなせるので，式 (6·26) の面積積分は次のように計算できます．

$$\begin{aligned} H_r \times 4\pi r^2 &= MS \\ H_r &= \frac{MS}{4\pi r^2} \quad 〔\text{A/m}〕 \end{aligned} \tag{6·27}$$

ここで，電荷によって生じる電界との対応から，磁荷 q_m を次のように定義します．

$$q_m = \mu_0 MS \quad 〔\text{Wb}〕 \tag{6·28}$$

式 (6·28) を用いて式 (6·27) は次のように書きあらためられます．

$$H_r = \frac{q_m}{4\pi\mu_0 r^2} \quad 〔\text{A/m}〕 \tag{6·29}$$

ここで，式 (6·29) は，式 (1·4) で示した点電荷によって生じている電界と同じ形となります．

これまで説明してきたように，電界と磁界，電束密度と磁束密度の関係は，磁荷が存在しないことを除けば相対性が成り立ちます．ここで，式 (6·29) から十分に細く，長い永久磁石において，その端部に磁荷が存在すると仮定できます．このとき，磁界 H〔A/m〕中におかれた，磁荷 q_m'〔Wb〕が受ける力 F〔N〕は，式 (1·5) との相対性から次のようになります．

4 磁気回路

$$F = q_m' H \tag{6・30}$$

したがって，図 **6・14** のように，距離 r〔m〕離れた2点に q_m, q_m'〔Wb〕の磁荷があるときに働く力は，次のように与えられます．

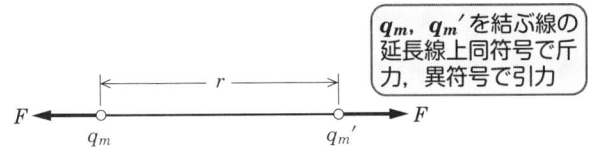

図 **6・14** │ 磁荷に関するクーロンの法則

> q_m, q_m' を結ぶ線の延長線上同符号で斥力，異符号で引力

$$F = \frac{q_m q_m'}{4\pi\mu_0 r^2} \quad 〔N〕 \tag{6・31}$$

磁荷の符号としては，磁石の N 極に生じる磁荷を正，S 極に生じる磁荷を負とし，式（6・31）を**磁荷に関するクーロンの法則**とよびます．

静電界のクーロンの法則とまったく同じ形の式が，正負の磁荷によって働く力に対して求められました．したがって，電荷によって電位が生じるのと同様に，磁荷によって磁位が生じるものとすれば，静電界との対応から，次式で定義される磁位が q_m〔Wb〕の磁荷によってつくられると考えられます．

$$U = \frac{q_m}{4\pi\mu_0 r} \quad 〔A〕 \tag{6・32}$$

磁位の単位は〔A〕であり，静電界と同様に磁位の傾き，すなわちこう配から磁界が求められます．したがって，図 6・13 に示す永久磁石によってつくられる磁界は，1 章 3 節で説明した電気双極子と同様にして求められます．

4 磁気回路

電流が流れる電気回路との類似性から，磁性体を用いた回路に対して磁気回路を定義します．磁気回路の考え方を用いて，磁性体を挿入した環状ソレノイドにエアギャップが存在するものを計算し，エアギャップでの磁界の強さを求め，磁気的なエネルギーの考え方を用いてギャップ間に働く力を求めます．

磁気回路の定義

電流が流れる回路を電気回路として扱いますが，磁性体中の磁束を電気回路の

電流に対応するものとして考えたものを**磁気回路**として扱えます．ここで，4章3節で求めた環状ソレノイド内の磁界から磁気回路を定義します．式(4・43)において，環状ソレノイドの平均長を $2\pi a = l$ 〔m〕とおくと，ソレノイド断面内の磁束 $\varPhi$ 〔Wb〕は次のように表せます．

$$\varPhi = BS = \mu_0 HS = \frac{\mu_0 NIS}{l} \quad 〔\text{Wb}〕 \tag{6・33}$$

ここで，式(6・33)を次のように変形してみます．

$$\varPhi = \frac{NI}{l/\mu_0 S} \quad 〔\text{Wb}〕 \tag{6・34}$$

ソレノイド内の磁束を電気回路の電流に対応させると，オームの法則から，式(6・34)右辺の分子は，電気回路の電圧に，また，分母は抵抗に対応させることができます．NI〔A〕はソレノイドと鎖交する電流であり，これを**起磁力** F_m〔A〕，$l/\mu_0 S$〔A/Wb〕を**磁気抵抗** R_m と定義すると以下の関係式が得られます．

$$\varPhi = \frac{F_m}{R_m} \quad 〔\text{Wb}〕 \tag{6・35}$$

$$F_m = NI \quad 〔\text{A}〕 \tag{6・36}$$

$$R_m = \frac{l}{\mu_0 S} \quad 〔\text{A/Wb}〕 \tag{6・37}$$

磁気抵抗は電気抵抗の導電率 σ を透磁率 μ_0 に置き換えたもので，その値は長さに比例し，断面積に反比例します．なお，電気回路と磁気回路の対応を**表6・1**に表します．また，透磁率が μ の磁性体については次のように磁気抵抗を定義します．

$$R_m = \frac{l}{\mu S} \quad 〔\text{A/Wb}〕 \tag{6・38}$$

磁気回路と電気回路の大きな違いは，磁束の外部への漏れです．電気回路において導線内を流れる電流は，ほとんどすべてが導線内に閉じ込められて外部に漏れることはありません．これは，真空の導電率がほぼ0の絶縁体だからです．こ

表6・1 電気回路と磁気回路の対応

電気回路	磁気回路
起電力（E）	起磁力（F_m）
電流（I）	磁束（$\varPhi$）
抵抗（R）	磁気抵抗（R_m）

4 磁　気　回　路

れに対して，磁気回路では，磁気抵抗の値を決める磁性体の透磁率と真空の透磁率の比は，$10^3 \sim 10^4$ 程度であり，電気回路に比べれば磁束の外部への漏れが非常に大きくなります．

また，「電気抵抗」は電圧に比例せず一定ですが，磁性体では加えた磁界と磁束の関係はヒステリシス曲線を描き電磁抵抗は一定ではありません．

したがって，磁気回路の計算ではヒステリシス特性を考慮する必要があります．また，電気抵抗では電流が流れると発熱によってエネルギーが失われますが，磁性体ではこのような損失ではなく，ヒステリシス損が存在します．

以上のような点に注意すれば，電気回路と磁気回路の相違点はありますが，磁性体を用いた回路での磁束を求める計算において，磁気回路の手法は有効です．

エ　エアギャップを持つ磁気回路

磁気回路の考え方を利用して，**図 6・15** に示す電流 I [A] が流れる巻数 N 回，平均長 l_1 [m] の環状ソレノイドに，幅が l_2 [m] のエアギャップがあるソレノイド内の磁界を求めてみます．ソレノイドの比透磁率を μ_r，断面積を S [m²] とすれば，ソレノイド部分とギャップ部の磁気抵抗 R_{m_1}，R_{m_2} [A/Wb] は次のようになります．

$$R_{m_1} = \frac{l_1}{\mu_r \mu_0 S} \quad \text{[A/Wb]} \tag{6・39}$$

$$R_{m_2} = \frac{l_2}{\mu_0 S} \quad \text{[A/Wb]} \tag{6・40}$$

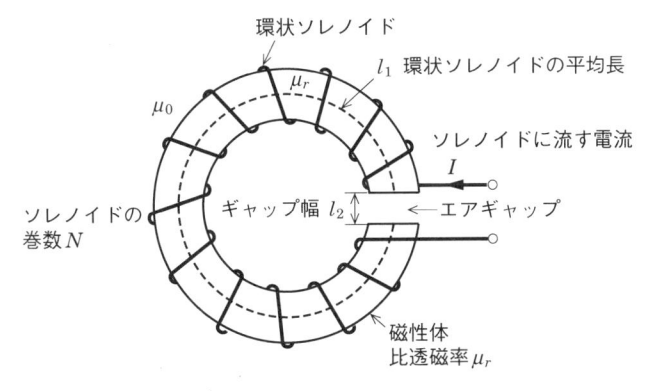

図 6・15｜エアギャップを持つ環状ソレノイド

ソレノイド内の磁束とギャップ内の磁束は連続になるので，磁気回路として R_{m_1}, R_{m_2} は直列に接続されたものとみなせます．起磁力は NI〔A〕であるので，この磁気回路の等価回路は図 **6・16** のように表せます．合成磁気抵抗は R_{m_1} と R_{m_2} の直列接続なので，これを R_m〔A/Wb〕と表すと，

$$R_m = R_{m_1} + R_{m_2} = \frac{l_1}{\mu_r \mu_0 S}\left(1 + \frac{l_2}{l_1}\mu_r\right) \quad \text{〔A/Wb〕} \tag{6・41}$$

となります．したがって，回路を流れる磁束 Φ〔Wb〕は次のように求められます．

$$\Phi = \frac{NI}{R_m} = \frac{NI}{\dfrac{l_1}{\mu_r \mu_0 S}\left(1 + \dfrac{l_2}{l_1}\mu_r\right)} \quad \text{〔Wb〕} \tag{6・42}$$

ここで，エアギャップがないときの磁束の強さを Φ' とすると，

$$\Phi' = \frac{NI}{R_m} = \frac{NI}{\dfrac{l_1}{\mu_r \mu_0 S}\left(1 + \dfrac{l_2}{l_1}\right)} \quad \text{〔Wb〕} \tag{6・43}$$

と表されます．ギャップによる磁気抵抗の増加は，式 (6・42) の分母の $l_2\mu_r/l_1$ で表されます．例として，ギャップを十分小さく $l_2/l_1 = 1/1000$ として，磁性体の比透磁率を 2×10^3 とすれば，ギャップを設けたことによる磁気抵抗の増加は約 3 倍となります．この例からわかるように，十分小さなギャップでも磁気抵抗は非常に大きくなることがわかります．

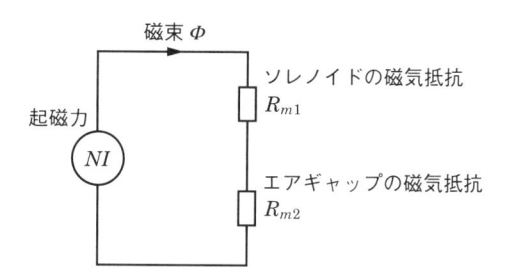

図 6・16 エアギャップを持つ環状ソレノイドの等価回路

磁気的エネルギーによる力

環状ソレノイドにエアギャップを設けるとギャップ間に力が働きます．この力を平行平板コンデンサの極板間に働く力と同様に，磁気的なエネルギーの増減から求めてみます．ここで，ギャップ間隔が力を受けて δx だけ狭くなったときを考

えます．このときの磁気的なエネルギーの変化を dW 〔J〕とするとき，ソレノイド部分とエアギャップ部分では磁束密度が連続であることから次式が得られます．

$$dW = \left(\frac{1}{2\mu}B^2 - \frac{1}{2\mu_0}B^2\right)\delta x S \quad \text{〔J〕} \tag{6・44}$$

このときに働いた単位面積あたりの力を f〔N/m²〕とすれば，ギャップは力を受けて狭くなったことに注意して，次の関係式が得られます．

$$dW = -fS\delta x \quad \text{〔J〕} \tag{6・45}$$

以上より，式 (6・44), (6・45) よりギャップの単位面積あたりに働く力が求められます．

$$f = \frac{1}{2}\left(\frac{1}{\mu_0} - \frac{1}{\mu}\right)B^2 \quad \text{〔N/m²〕} \tag{6・46}$$

ここで，式 (6・46) は誘電体間に働く力，式 (3・65) に対応するものとなります．

練 習 問 題

【1】 比透磁率が1000である磁性体中の磁界の強さが200 A/mであるとき，磁束密度，磁化率，磁化の強さを求めなさい．

【2】 ±1 Wbの大きさを持つ二つの磁荷が距離1 m離れているときに働く力を求めなさい．

【3】 図6·15において，$\mu_r=1000$, $I=2$ A, $N=500$, $l_1=50$ cm, $l_2=5$ mm, $S=10$ m² のとき，この磁気回路の磁気抵抗 R_m とソレノイド内の磁束 ϕ を求めなさい．

【4】 図6·17のような磁気回路において，各部分の断面積はすべて S [m²] として，各部分の平均長を l_1, l_2, l_3 [m] とします．この磁気回路の巻数 N 回のコイルに I [A] の電流を流したとき，AおよびBでの磁束を求めなさい．

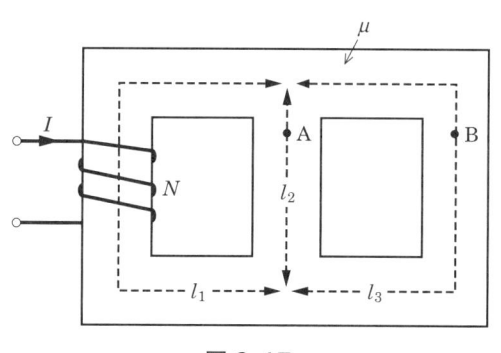

図 6·17

【5】 一様な磁束密度中に図6·18のようにおかれた磁石に働くトルクを求めなさい．ただし，磁石端部に仮定できる磁荷を $\pm m$ [Wb] とします．

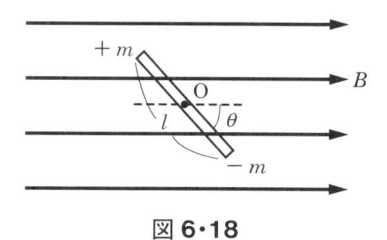

図 6·18

【6】 図 **6・19** に示すように十分に細い棒磁石端部に $\pm m$ [Wb] の磁荷を仮定できるとき，磁石の中心から十分遠方の P 点での磁界の成分 H_r, H_θ を求めなさい．

【7】 比透磁率 μ_r で，半径 a [m] の磁性体球を，強さ H_0 [A/m] の一様な磁界中においたとき，球の内部の磁界を求めなさい．

【8】 図 **6・20** に示すように比透磁率 μ_r の断面積が S [m^2] である磁性体を A，B に分割して，A に巻いたコイルに電流 I [A] を流すとき，AB 間に働く力を求めなさい．ただし，A のコイルの巻数を N 回とします．

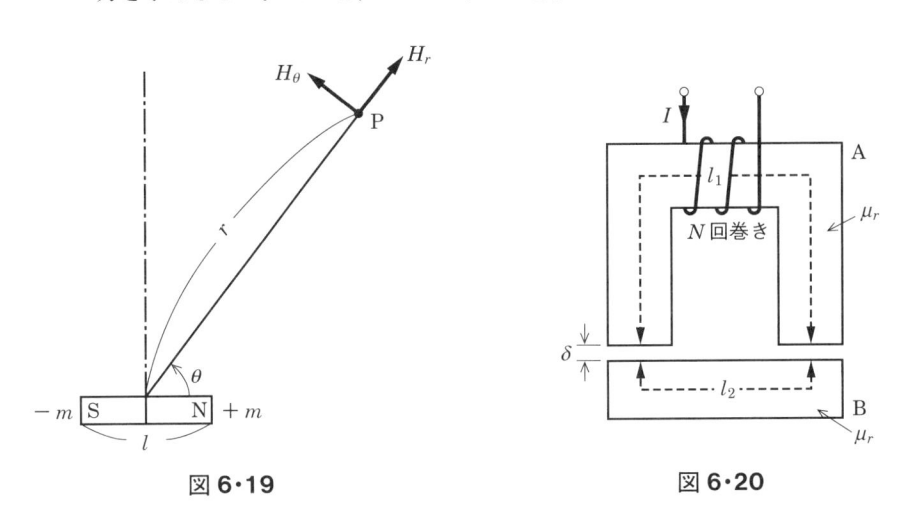

図 6・19

図 6・20

7章 電磁波

→ 電磁気学で学んできた電荷に対してのクーロンの法則と電界の関係や，電流と磁束密度の関係を表すアンペアの周回積分の法則，そして，時間的に変化する磁束密度とそれによって生じる起電力の関係を表すファラデーの法則はマクスウェルの方程式として統一的に扱うことができます．マクスウェルの方程式は電磁気学の現象を説明するだけでなく，その方程式の解から空間を光の速度で伝わる電磁波が存在することが導かれます．電磁波は電波ともよばれ，放送や通信など我々の生活に不可欠なものとなっています．

→ 本章ではコンデンサに交流が流れる現象を変位電流という仮想的な物理量を用いることで説明し，この変位電流をアンペアの周回積分の法則に導入することでファラデーの法則と結びつけたマクスウェルの方程式を導き出します．そして，この方程式を解くことで空間を光速で伝わる平面波を求め，空間中をどのように伝搬するかその性質について説明します．

1 マクスウェルの方程式

　これまでに学んだ定義式のうち，マクスウェルの方程式を構成するいくつかの重要な式をまとめます．次に，コンデンサを流れる交流電流と，コンデンサ内の電界の関係から変位電流を説明します．この変位電流が導線を流れる電流と同様に磁界をつくるものとして，その関係をアンペアの法則に導入し，マクスウェルの方程式を定義します．

アンペアの法則とファラデーの法則

　電磁気学で学んだ重要な法則に，アンペアの周回積分の法則とファラデーの法則があります．アンペアの周回積分の法則は，図7・1に示す閉路Cを外周とする面S内での電流密度がJ〔A/m²〕であるとき，Sを通過する全電流は，電流によってつくられる磁界を閉路Cに沿って線積分したものに等しくなる関係を表し

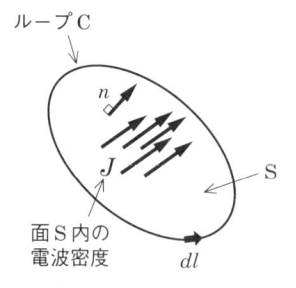

図7・1 アンペアの周回積分の法則

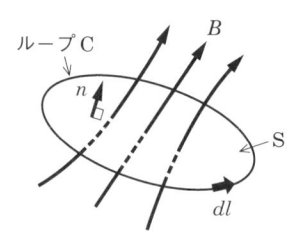

図7・2 ファラデーの法則

たもので，次式で表されます．

$$\oint_C \boldsymbol{H} \cdot \boldsymbol{dl} = \int_S \boldsymbol{J} \cdot \boldsymbol{n} dS \tag{7・1}$$

式 (7・1) は積分表示系のアンペアの周回積分の法則であり，これを微分表示式に書きあらためると次のようになります．

$$\nabla \times \boldsymbol{H} = \boldsymbol{J} \tag{7・2}$$

ファラデーの法則によれば，**図7・2**に示す閉路Cに生じる起電力は，S面内を通過する磁束密度 $\boldsymbol{B}$〔T〕の時間 t〔s〕の変化の割合に等しくなります．閉路に生じる起電力は閉路に沿った電界 $\boldsymbol{E}$〔V/m〕の線積分として求められるので，ファラデーの法則を積分表示式，および微分表示式で表すと以下のようになります．

$$\oint_C \boldsymbol{E} \cdot \boldsymbol{dl} = -\frac{\partial}{\partial t}\int_S \boldsymbol{B} \cdot \boldsymbol{n} dS \tag{7・3}$$

$$\nabla \times \boldsymbol{E} = -\frac{\partial \boldsymbol{B}}{\partial t} \tag{7・4}$$

ファラデーの法則から，磁束密度の時間変化が電界を生成することがわかります．しかし，アンペアの法則は電流と磁界の関係のみであり，二つの法則は結びつきません．この二つの法則を結びつけるものが次に説明する変位電流です．

変位電流

変位電流はコンデンサに交流電流が流れるとき，コンデンサ内の電界との関係から説明されます．**図7・3**のようにコンデンサに交流電流が流れるのは，コンデンサの極板に蓄えられた電荷が，充放電を繰り返すためです．このとき，コンデンサの極板間に着目すると，電極板では電界 $\boldsymbol{E}$〔V/m〕が時間的に変化します．極板での電荷分布密度が σ〔C/m^2〕で，コンデンサ内が真空であるとき，コンデンサ

1 マクスウェルの方程式

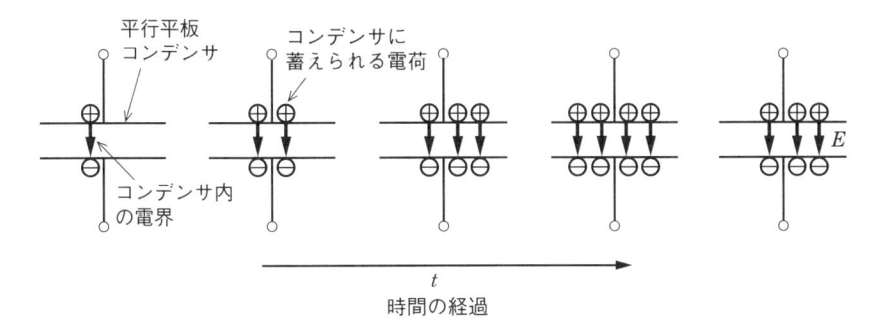

図 7・3 コンデンサに交流が流れる際の極板に加わる電荷の時間変化

内での電界は 2 章 1 節より次のように表されました．

$$E = \frac{\sigma}{\varepsilon_0} \quad [\text{V/m}] \tag{7・5}$$

したがって，電界の時間変化は電荷分布密度の時間変化によって生じています．電荷に対応するものが電束であるので，コンデンサ内での電束 $\boldsymbol{D}[\text{C/m}^2]$ の時間変化の割合を変位電流 $\boldsymbol{I}_d[\text{A}]$ と定義し，次式で表します．

$$\boldsymbol{I}_d = \frac{\partial}{\partial t} \int_S \boldsymbol{D} \cdot \boldsymbol{n} dS \quad [\text{A}] \tag{7・6}$$

なお，式 (7・6) の右辺の面積分は，電束の通過している面に対して行います．この変位電流がコンデンサの極板間に流れているものと考え，変位電流もアンペアの法則の電流と同じ磁界をその周囲につくるものとすれば，式 (7・1) の右辺に変位電流 $\boldsymbol{I}_d$ を加えて，アンペアの周回積分の法則は次のようになります．

$$\oint_C \boldsymbol{H} \cdot d\boldsymbol{l} = \int_S \boldsymbol{J} \cdot \boldsymbol{n} dS + \frac{\partial}{\partial t} \int_S \boldsymbol{D} \cdot \boldsymbol{n} dS \tag{7・7}$$

式 (7・7) を微分表示式に変換すると次式が得られます．

$$\nabla \times \boldsymbol{H} = \boldsymbol{J} + \frac{\partial \boldsymbol{D}}{\partial t} \tag{7・8}$$

変位電流を加えたアンペアの法則を，**拡張されたアンペアの法則**とよび，電束の時間変化によって磁界が生成され，ファラデーの法則と対の関係となっています．

マクスウェルの方程式

この拡張されたアンペアの周回積分の法則と，ファラデーの法則の二つを，変

位電流を導入したマクスウェルの名前をとって**マクスウェルの基礎方程式**とよびます．電磁気学の基礎的な法則に，電荷の値はそれから発生する電束数に等しいという電束に対するガウスの法則と，単極の磁荷は存在しないことを考慮した磁束に対するガウスの法則があります．マクスウェルの二つの基礎方程式に，この二つを加えた四つの方程式を，一般的にマクスウェルの方程式とよび，微分表示式で以下のように表せます．

$$\nabla \times \boldsymbol{H} = \boldsymbol{J} + \frac{\partial \boldsymbol{D}}{\partial t} \tag{7・9}$$

$$\nabla \times \boldsymbol{E} = -\frac{\partial \boldsymbol{B}}{\partial t} \tag{7・10}$$

$$\nabla \cdot \boldsymbol{D} = \rho \tag{7・11}$$

$$\nabla \cdot \boldsymbol{B} = 0 \tag{7・12}$$

ここで，$\rho\,[\mathrm{C/m^3}]$ は電荷分布密度です．

電磁界は空間と時間の関数として定義されます．ここで，電気工学の分野で用いられる正弦波交流を扱うときには，角周波数を $\omega\,[\mathrm{rad/s}]$ として，時間 $t\,[\mathrm{s}]$ による項を $e^{j\omega t}$ として次のように表せます．

$$\boldsymbol{E}(x, y, z, t) = \boldsymbol{E}(x, y, z)\,e^{j\omega t} \tag{7・13}$$

ここで正弦波交流を扱うとき，時間因子をマクスウェルの方程式に適用すれば，時間 t による偏微分が $\partial/\partial t = j\omega$ と置き換えられるので，式 (7・9)，(7・10) は次のように表せます．

$$\nabla \times \boldsymbol{H} e^{j\omega t} = \boldsymbol{J} e^{j\omega t} + j\omega \boldsymbol{D} e^{j\omega t} \tag{7・14}$$

$$\nabla \times \boldsymbol{E} e^{j\omega t} = -j\omega \boldsymbol{B} e^{j\omega t} \tag{7・15}$$

なお，これ以降，正弦波交流の電磁界のみを扱い，時間変化を表す時間因子 $e^{j\omega t}$ は式中から省略して示します．

また，式 (7・14)，(7・15) を x, y, z 座標系で成分表示すると以下のように表せます．

$$\frac{\partial H_z}{\partial y} - \frac{\partial H_y}{\partial z} = J_x + j\omega D_x \tag{7・16}$$

$$\frac{\partial H_x}{\partial z} - \frac{\partial H_z}{\partial x} = J_y + j\omega D_y \tag{7・17}$$

$$\frac{\partial H_y}{\partial x} - \frac{\partial H_x}{\partial y} = J_z + j\omega D_z \tag{7・18}$$

$$\frac{\partial E_z}{\partial y}-\frac{\partial E_y}{\partial z}=-j\omega B_x \tag{7・19}$$

$$\frac{\partial E_x}{\partial z}-\frac{\partial E_z}{\partial x}=-j\omega B_y \tag{7・20}$$

$$\frac{\partial E_y}{\partial x}-\frac{\partial E_x}{\partial y}=-j\omega B_z \tag{7・21}$$

2 電磁波

電磁波が空間中を光速で進むことを説明するために，平面波とよばれる波を仮定し，マクスウェルの方程式を解くことによって，空間中を伝搬する電磁波の性質や，導体中での平面波の減衰についても調べます．また，電磁波によるエネルギーの伝搬を表すポインティングベクトルについて説明します．

平面波

式 (7・16)～(7・21) の方程式を解くことによって，時間的に変化する電界と磁界の振る舞いが理解できます．ここではもっとも基本的なものとして，平面波とよばれる波の性質をマクスウェルの方程式を解くことによって説明します．平面波は無限遠方に無限の広がりを持つ波源が存在するときの波ですが，現実に存在する波源から放射状に広がっていく波も，局所的に見れば平面波とみなせます．

x および y 方向に一様となる波を考えると，x, y に関する偏微分の項は 0 となります．真空中での波を考えれば，電流密度は 0，また，電束密度と磁束密度は，$\varepsilon_0 E, \mu_0 H$ と表せるので，式 (7・16)～(7・21) は以下のように表せます．

$$-\frac{\partial H_y}{\partial z}=j\omega\varepsilon_0 E_x \tag{7・22}$$

$$\frac{\partial H_x}{\partial z}=j\omega\varepsilon_0 E_y \tag{7・23}$$

$$0=E_z \tag{7・24}$$

$$-\frac{\partial E_y}{\partial z}=-j\omega\mu_0 H_x \tag{7・25}$$

$$\frac{\partial E_x}{\partial z}=-j\omega\mu_0 H_y \tag{7・26}$$

$$0=H_z \tag{7・27}$$

式 (7·22)〜(7·27) は，E_x と H_y，E_y と H_x の二つの組合せに分けられます．E_x と H_y を z 軸を中心に 90°回転したものは E_y と $-H_x$ となるので，ここでは図 **7·4** に示す E_x と H_y の組合せについて考えます．

式 (7·26) の両辺を z で偏微分し，式 (7·22) を代入し H_y を消去すると，

$$\frac{\partial^2 E_x}{\partial z^2} = -\omega^2 \varepsilon_0 \mu_0 E_x \quad (7\cdot 28)$$

となります．この方程式の解は，$k_0{}^2 = \omega^2 \varepsilon_0 \mu_0$ として，$e^{\pm jk_0 z}$ で与えられ，電界 E_x は次のように求められます．

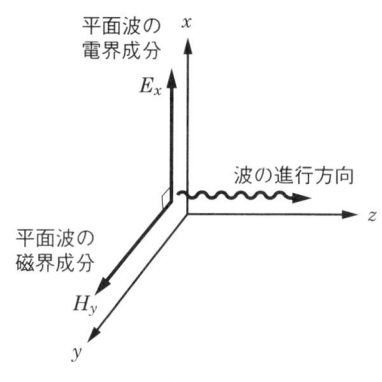

図 7·4 平面波の成分

$$E_x = E_1 e^{-jk_0 z} + E_2 e^{+jk_0 z} \quad [\text{V/m}] \tag{7·29}$$

ここで，E_1，E_2 は任意の比例定数で，平面波が異なる媒質などを通過するとき，または障害物での反射，屈折などの境界条件で決定されます．k_0 は波数とよばれ，単位は〔1/m〕です．平面波の解として得られた式 (7·29) が，どのような波を表しているのかを調べるため，省略されている時間因子 $e^{j\omega t}$ を乗じて整理すると次式が得られます．

$$e^{j\omega t} E_x = E_1 e^{jk_0(vt-z)} + E_2 e^{jk_0(vt+z)} \tag{7·30}$$

$$v = \frac{\omega}{k_0} = \frac{1}{\sqrt{\varepsilon_0 \mu_0}} \quad [\text{m/s}] \tag{7·31}$$

式 (7·30) の右辺第 1 項において，時間 t〔s〕が経過するにつれて $(vt-z)$ を一定にするためには，z〔m〕は正の方向に増加する必要があります．したがって，図 **7·5** において $(vt-z)$ が一定となる平面波の波面 P は，z の正方向に速度 v〔m/s〕で伝搬することを示しています．同様にして第 2 項は，速度 v〔m/s〕で z の負の方向への伝搬を表しており，式 (7·30) は z の正負の方向に進む波の合成波を表しています．

真空の誘電率，透磁率は，それぞれ $\varepsilon_o = 8.854 \times 10^{-12}\,\text{F/m}$，$\mu_o = 4\pi \times 10^{-7}\,\text{H/m}$ であることから，$v = 2.998 \times 10^8\,\text{m/s}$ となって光の速度と一致します．したがって，平面波は真空中を光速で伝搬していることがわかります．実際には，真空の誘電率と透磁率の値は，式 (1·3) の関係式が成り立つことから導かれています．なお，光速を $3 \times 10^8\,\text{m/s}$ と近似して計算することが一般的です．

2 電磁波

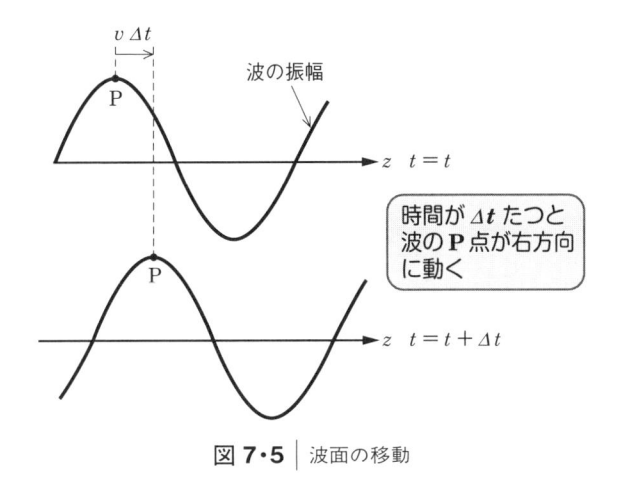

図 7・5 波面の移動

平面波の磁界成分 H_y は，式 (7・26) より次のようになります．

$$H_y = -\frac{1}{j\omega\mu_0}\frac{\partial E_x}{\partial z} \tag{7・32}$$

ここで，式 (7・32) に式 (7・29) を代入すれば，平面波の磁界成分が次のように求められます．

$$H_y = \frac{1}{Z_0}(E_1 e^{-jk_0 z} - E_2 e^{+jk_0 z}) \quad [\text{A/m}] \tag{7・33}$$

$$Z_0 = \sqrt{\frac{\mu_0}{\varepsilon_0}} \quad [\Omega] \tag{7・34}$$

式 (7・34) で定義される比例定数 Z_0 はインピーダンスの次元を持ち，平面波の z の正方向へ進む波と負の方向へ進む波，それぞれの電界成分と磁界成分の比の絶対値を表しています．Z_0 は波動インピーダンスとよばれ，真空中での値は $Z_0 \simeq 377\,\Omega$ となります．このように，電界および磁界成分は波の進行方向に対して垂直に変化する横波であり，進行方向に垂直な断面で $e^{j\omega t}$ の関数にしたがって電磁界成分が時間変化します．電界，磁界が相伴う進行波である波動を**電磁波**とよび，簡略化して**電波**とよびます．

これに対して音波のように波の進行方向に時間変化する波を縦波といいます．

導体中での平面波

前節では損失のない空間での平面波を扱ってきましたが，損失のある導体中での電磁波の振る舞いについて調べます．

導体内部での導電率 σ は 0 にはならず,導体中での電流 $\boldsymbol{J}$ と電界 $\boldsymbol{E}$ は,式(4·4)より $\boldsymbol{J}=\sigma\boldsymbol{E}$ と表されました.式 (7·16)〜(7·18) にこの関係式を代入して,E_x と H_y で表される平面波の方程式,式 (7·28) に σ を導入すれば次式が得られます.

$$\frac{\partial^2 E_x}{\partial z^2} = -\omega^2 \varepsilon\mu \left(\frac{\sigma}{j\omega\varepsilon}+1\right) E_x \tag{7·35}$$

ここで ε, μ は,それぞれ導体の誘電率と透磁率を表します.式 (7·35) の解は真空中のときと同様にして以下のように求められます.

$$E_x = E_1 e^{-(\alpha+j\beta)z} + E_2 e^{+(\alpha+j\beta)z} \quad [\mathrm{V/m}] \tag{7·36}$$

$$\alpha = \omega \left[\frac{\varepsilon\mu}{2}\left(\sqrt{\frac{\sigma^2}{(\omega\varepsilon)^2}+1}-1\right)\right]^{\frac{1}{2}} \quad [1/\mathrm{m}] \tag{7·37}$$

$$\beta = \omega \left[\frac{\varepsilon\mu}{2}\left(\sqrt{\frac{\sigma^2}{(\omega\varepsilon)^2}+1}+1\right)\right]^{\frac{1}{2}} \quad [1/\mathrm{m}] \tag{7·38}$$

ここで,α は E_x の振幅が $e^{-\alpha z}$ で減少することを表しているため,**減衰定数**とよびます.また,β は波数と同じであるが,減衰定数に対して,波の時間的な変化を表すため,**伝搬定数**または**位相定数**といいます.

金属では導電率が大きいため,$\sigma \gg \omega\varepsilon$ の関係が成り立つので,減衰定数は次のように近似できます.

$$\alpha \simeq \omega\sqrt{\frac{\varepsilon\mu}{2}\frac{\sigma}{\omega\varepsilon}} = \sqrt{\frac{\omega\mu\sigma}{2}} \quad [1/\mathrm{m}] \tag{7·39}$$

導体中での平面波は $e^{-\alpha z}$ でその振幅が減少するので,振幅が $1/e$ となる距離 δ 〔m〕は次式で求められます.

$$\delta = \frac{1}{\alpha} = \sqrt{\frac{2}{\omega\mu\sigma}} \quad [\mathrm{m}] \tag{7·40}$$

この距離を**表皮厚**とよびます.次項のポインティングベクトルで説明するように,電磁波の電力は電界の振幅値の 2 乗に比例するので,表皮厚 δ まで達した電磁波の電力は $1/e^2$ まで減少するので,導体中の電磁波は表面から δ まで入ったところで,そのほとんどの電力が熱損として失われます.

ポインティングベクトル

前項で求められた平面波の解を用いてその性質を調べてみます.z の正の方向に進む平面波は,x および y 方向の単位ベクトルを $\boldsymbol{i}$, $\boldsymbol{j}$ として次のように表せま

す．

$$E = iE_1 e^{-jk_0 z} \quad [\text{V/m}] \tag{7.41}$$

$$H = j\frac{1}{Z_0} E_1 e^{-jk_0 z} \quad [\text{A/m}] \tag{7.42}$$

ここで，電界が電圧，磁界が電流の次元に対応することから，電界と磁界の複素共役によるベクトル積 P は次のようになります．

$$P = E \times H^* = k\frac{|E_1|^2}{Z_0} \quad [\text{W/m}^2] \tag{7.43}$$

なお，k は z 方向の単位ベクトルです．式 (7.43) は電力の面積密度を表し，z 方向を向いています．すなわち，$P[\text{W/m}^2]$ の電力密度を持った平面波の z 方向への伝搬を表しています．このベクトル積を**ポインティングベクトル**と定義し，電界と磁界のベクトル積の絶対値が伝搬していく波の電力密度を，また，その向きが伝搬方向を表します．

3 平面波の境界条件と伝搬

ここでは，電磁界の境界条件について求めておきます．また，平面波が伝搬していく途中に障害物が存在すると，平面波は媒質間での境界条件を満足するように反射，屈折を起こします．具体的な例として，異なる媒質に垂直に入射した場合と，斜めに入射した場合の平面波の振る舞いについて調べます．

平面波の境界条件

図 **7・6** のように二つの異なる媒質の領域が接しているとき，二つの領域にまたがる，境界面に垂直な微小方形ループ C で囲まれた面 S を考えます．境界面に垂直で領域Ⅰ方向を向く単位ベクトルを n とし，面 S の法線ベクトル n_s，境界面に沿った単位ベクトル n_t を次のように定義します．

$$n_t = n \times n_s \tag{7.44}$$

ここで，積分表示式のアンペアの法則式 (7.7) とファラデーの法則式 (7.3) を面 S 内に適用すると次式が得られます．

$$\oint_C H \cdot dl = \int_S J \cdot n_s dS + \frac{\partial}{\partial t}\int_S D \cdot n_s dS \tag{7.45}$$

7章 電磁波

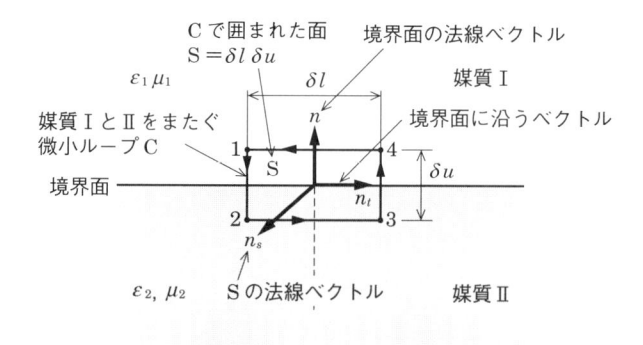

図 7·6 電磁波の境界条件

（図中の注記：
- C で囲まれた面 $S = \delta l \, \delta u$
- 境界面の法線ベクトル
- ε_1, μ_1　媒質Ⅰ
- δl
- 媒質ⅠとⅡをまたぐ微小ループ C
- 境界面に沿うベクトル
- n
- 1, 4
- S
- n_t
- δu
- 境界面
- 2, 3
- n_s
- ε_2, μ_2
- S の法線ベクトル
- 媒質Ⅱ）

$$\oint_C \boldsymbol{E} \cdot d\boldsymbol{l} = -\frac{\partial}{\partial t} \int_S \boldsymbol{B} \cdot \boldsymbol{n}_s dS \tag{7·46}$$

式 (7·45)，(7·46) の左辺の周回積分において，境界面にまたがる $1 \to 2$ と $3 \to 4$ の部分では被積分関数は等しく，向きが互いに逆であるため相殺されます．したがって，$4 \to 1$ と $2 \to 3$ の部分での積分が残ります．面 S が十分小さいとき，面 S 内では磁束密度，電束密度，および電流は一定とみなせ，面 S が二つの領域に等分されていれば，式 (7·45)，(7·46) は以下のように表せます．

$$(-\boldsymbol{H}_1 + \boldsymbol{H}_2) \cdot \boldsymbol{n}_t \delta l = \boldsymbol{J} \cdot \boldsymbol{n}_s \delta l \delta u + \frac{\partial}{\partial t} (\boldsymbol{D}_1 + \boldsymbol{D}_2) \cdot \boldsymbol{n}_s \delta l \frac{\delta u}{2} \tag{7·47}$$

$$(-\boldsymbol{E}_1 + \boldsymbol{E}_2) \cdot \boldsymbol{n}_t \delta l = -\frac{\partial}{\partial t} (\boldsymbol{B}_1 + \boldsymbol{B}_2) \cdot \boldsymbol{n}_s \delta l \frac{\delta u}{2} \tag{7·48}$$

ここで，電磁界の添字は各領域内での値を示しています．ループの幅 δu を十分小さくした極限値 $\delta u \to 0$ を考えると，磁束密度，電束密度が無限大の値をとらない限り，式 (7·47) の右辺第 2 項と式 (7·48) の右辺の極限値は 0 となります．しかし，電流は境界面に集中して流れるので，その極限値を**面電流密度 K**〔A/m〕として

$$\boldsymbol{K} = \lim_{\delta u \to 0} \boldsymbol{J} \delta u \quad 〔\text{A/m}〕 \tag{7·49}$$

と表されます．したがって，式 (7·47) と式 (7·48) の $\delta t \to 0$ での極限値は以下のようになります．

$$(\boldsymbol{H}_1 - \boldsymbol{H}_2) \cdot \boldsymbol{n}_t = -\boldsymbol{K} \cdot \boldsymbol{n}_s \tag{7·50}$$

$$(\boldsymbol{E}_1 - \boldsymbol{E}_2) \cdot \boldsymbol{n}_t = 0 \tag{7·51}$$

3 平面波の境界条件と伝搬

式 (7・50) は磁界の接線成分の不連続が境界面で面電流をつくり，式 (7・51) は境界面での電界の接線成分が等しくなることを示しています．なお，面電流が存在しない境界では磁界の接線成分は連続となります．

電気工学での多くの問題は，金属や大地を完全導体と近似して扱うことができます．図7・6において領域IIを完全導体とすれば，その内部で電界，磁界成分は0となります．したがって，式(7・50)，(7・51) は

$$H_1 \cdot n_t = -K \cdot n_s \tag{7・52}$$

$$E_1 \cdot n_t = 0 \tag{7・53}$$

となります．すなわち境界条件として完全導体面上では，磁界の接線成分によって面電流が金属表面につくられ，電界の接線成分は0となります．

垂直入射

図 **7・7** のように媒質定数が ε_1, μ_1 の媒質中を進む平面波が，媒質定数 ε_2, μ_2 の媒質に垂直に入射したときを考えます．波の進行方向を z 軸の正方向とし，電界は x 成分，磁界は y 成分のみを持つとします．境界面に垂直に入射した平面波 P_i は，境界面からの反射波 P_r と透過波 P_t を生じます．なお，反射波は z 軸の負の方向に進むため，ポインティングベクトルの定義から，図7・7のように磁界の向きは逆となります．境界面で面電流を生じないものとすれば，式(7・50)，(7・51) の境界条件から電界と磁界の境界面に対する接線成分が連続となります．入射波，反射波，および透過波の電磁界成分を，それぞれ (E_i, H_i)，(E_r, H_r)，(E_t, H_t) と表すと以下の境界条件が得られます．

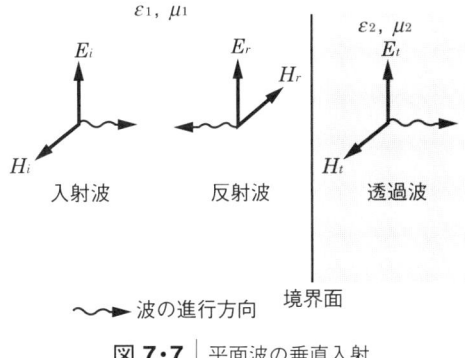

図 **7・7** ｜ 平面波の垂直入射

$$E_i + E_r = E_t \tag{7・54}$$

$$H_i - H_r = H_t \tag{7・55}$$

平面波の電界と磁界の比は，式（7・34）で定義した波動インピーダンスで表せることから，式（7・55）は次のように表せます．

$$\frac{1}{Z_1}E_i - \frac{1}{Z_1}E_r = \frac{1}{Z_2}E_t \tag{7・56}$$

$$Z_1 = \sqrt{\frac{\mu_1}{\varepsilon_1}}, \qquad Z_2 = \sqrt{\frac{\mu_2}{\varepsilon_2}} \tag{7・57}$$

式（7・54），（7・56）を連立させて解くことにより，E_r，E_t が次のように求められます．

$$E_r = \frac{Z_2 - Z_1}{Z_2 + Z_1} E_i, \quad E_t = \frac{2Z_2}{Z_2 + Z_1} E_i \tag{7・58}$$

したがって，二つの領域の波動インピーダンスが等しくなる $Z_2 = Z_1$ のとき，境界面からの反射が 0 となります．また，Z_1 と Z_2 の大小関係によって，反射波の符号が変わり，$Z_2 < Z_1$ のとき反射波の電界の向きは入射波に対して逆向きとなります．

式（7・58）より，媒質 1 から媒質 2 に平面波が入射するときの反射係数 $\varGamma$ と透過係数 T を以下のように定義します．

$$\varGamma = \frac{E_r}{E_i} = \frac{Z_2 - Z_1}{Z_2 + Z_1}, \quad T = \frac{E_t}{E_i} = \frac{2Z_2}{Z_2 + Z_1} \tag{7・59}$$

斜入射

次に図 **7・8** に示すように，$y=0$ での zx 面で，誘電率，透磁率の異なる二つの媒質が接しているとき，媒質 1 から境界面の法線方向とのなす角 θ_i で平面波（E_i, H_i）が入射する場合を考えます．このときの θ_i を入射角とし，反射角 θ_r と透過角 θ_t を図 7・8 のように定義します．また，入射方向と境界面の法線とのつくる面（xy 面）を入射面とよび，図 7・8(a) に示すように入射面内に電界成分があるときを平行偏波，図 7・8(b) のように入射面と垂直方向に電界成分があるときを垂直偏波と定義します．ここでは，平行偏波について調べてみます．

各領域での平面波の波数 $k_1 = \omega\sqrt{\varepsilon_1 \mu_1}$，$k_2 = \omega\sqrt{\varepsilon_2 \mu_2}$ は**伝搬定数**ともよび，式（7・31）より，波数は波の伝搬速度と反比例の関係があります．したがって，境界面に沿った波の伝搬速度は連続となることから，境界面に沿った波数も連続になり

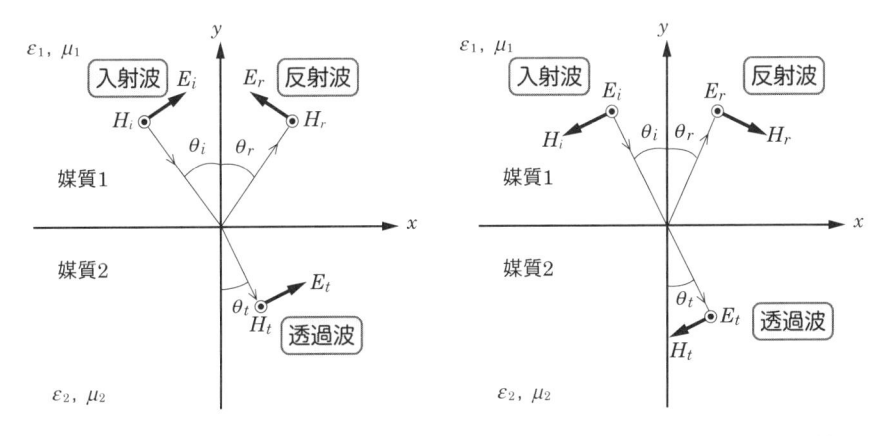

(a）平行偏波（電界が入射面に平行）　　　　（b）垂直偏波（電界が入射面に垂直）

図 7・8 | 平面波の斜入射

ます．

この伝搬定数を境界面に対して垂直な成分と，平行な成分に分解したものが**図 7・9** です．したがって，**図 7・10** に示す x 方向の伝搬定数，すなわち，x 方向の波面が連続であるための条件から以下の式が得られます．

$$k_1 \sin \theta_i = k_1 \sin \theta_r \tag{7・60}$$

$$k_1 \sin \theta_i = k_2 \sin \theta_t \tag{7・61}$$

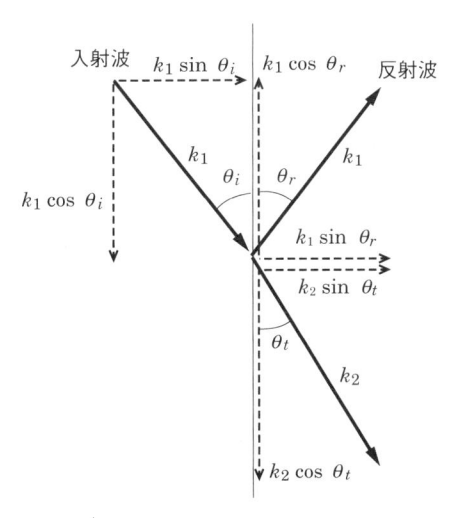

図 7・9 | 斜入射のときの伝搬定数のベクトル図

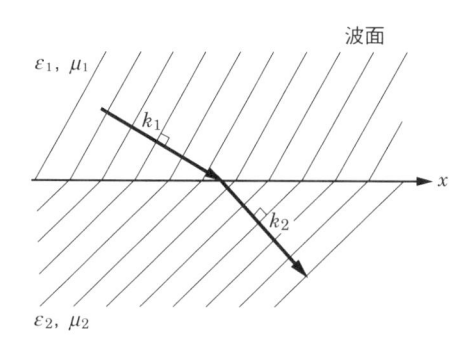

図 7・10 境界面での波面

式（7・60）より次式が得られます．

$$\theta_i = \theta_r \tag{7・62}$$

これは，入射角と反射角が等しくなる反射の法則です．また，式（7・61）から次式が得られます．

$$\sqrt{\frac{\mu_2 \varepsilon_2}{\mu_1 \varepsilon_1}} = \frac{\sin \theta_i}{\sin \theta_t} \tag{7・63}$$

これは，入射角と透過角の関係を示し，光学の分野でのスネルの法則を表しています．ここで，領域1と2の透磁率が等しいとき $\mu_1 = \mu_2$，各領域での屈折率が $n_1 = \sqrt{\varepsilon_1/\varepsilon_0}$，$n_2 = \sqrt{\varepsilon_2/\varepsilon_0}$ と表せることから次式で示すスネルの法則が得られます．

$$\frac{n_2}{n_1} = \frac{\sin \theta_i}{\sin \theta_t} \tag{7・64}$$

次に電界と磁界の境界条件から，反射波と透過波を入射波で表します．電界の境界面に対する接線成分は $E_i \cos \theta_i$ となり，入射波と反射波の電界の向きが逆になることに注意すれば，次式が電界の境界条件として与えられます．

$$E_i \cos \theta_i - E_r \cos \theta_i = E_t \cos \theta_t \tag{7・65}$$

ここでは入射角と反射角が等しくなる式（7・60）の条件を用いています．磁界はすべての成分が z の正方向を向いていることから，次の関係式が得られます．

$$H_i + H_r = H_t \tag{7・66}$$

磁界の各成分は各領域の波動インピーダンスと電界成分を用いて表せば，

$$\frac{1}{Z_1} E_i + \frac{1}{Z_1} E_r = \frac{1}{Z_2} E_t \tag{7・67}$$

となります．以上より，式（7・65），（7・67）を解いて，斜入射のときの E_r，E_t が

次のように求められます．

$$E_r = \frac{Z_1 \cos\theta_i - Z_2 \cos\theta_t}{Z_1 \cos\theta_i + Z_2 \cos\theta_t} E_i \tag{7.68}$$

$$E_t = \frac{2Z_2 \cos\theta_i}{Z_1 \cos\theta_i + Z_2 \cos\theta_t} E_i \tag{7.69}$$

式（7・68）において，分子が 0 となる条件で電磁波が入射するとき，反射波を生じず，境界面に入射した波はすべて媒質 2 に透過されます．このような入射角度は**ブリュスター角**とよばれます．

練習問題

- 【1】 周波数が，それぞれ $1\,\mathrm{kHz}$, $1\,\mathrm{MHz}$, $1\,\mathrm{GHz}$ のときの電磁波の波長を求めなさい．
- 【2】 真空中からガラスに対して平面波が垂直に入射するときの反射係数を求めなさい．ただし，ガラスの透磁率は μ_0 とし，比誘電率 ε_r を6とします．
- 【3】 真空中で $1\,\mathrm{V}$ の振幅を持つ電界が正弦的に時間変化しているとき，周波数 $1\,\mathrm{kHz}$ と $1\,\mathrm{MHz}$ のときの変位電流密度の振幅を求めなさい．
- 【4】 銅の導電率を $5.8\times10^7\,\mathrm{S/m}$ とするとき，周波数 $1\,\mathrm{MHz}$ と $1\,\mathrm{GHz}$ での表皮厚を求めなさい（ただし，銅の透磁率は μ_0）．
- 【5】 誘電率が等しく，透磁率の比が $\mu_1/\mu_2=\mu_r$ である二つの媒質 1, 2 に対して，媒質 1 から媒質 2 に平面波が垂直に入射したときの反射係数と透過係数を求めなさい．
- 【6】 図 7・8(b) の垂直偏波に対する反射係数と透過係数を求めなさい．
- 【7】 同軸ケーブルを伝送する電磁波の波動インピーダンス Z が，同軸ケーブルの単位長さあたりの容量 $C\,[\mathrm{F/m}]$ と自己インダクタンス $L\,[\mathrm{H/m}]$ によって $Z=\sqrt{L/C}$ として求められるとき，$Z=50\,\Omega$ となるためには，同軸ケーブルの内径と外径の比 b/a はいくらであればよいですか．ただし，同軸ケーブル内の内導体と外導体の間の空間は真空とします．

付　録

1 ベクトル公式

$$A \times (B \times C) = (A \cdot C) B - (A \cdot B) C \tag{A·1}$$

$$\nabla \times \nabla \varphi = 0 \tag{A·2}$$

$$\nabla \cdot \nabla \times A = 0 \tag{A·3}$$

$$\nabla \times \nabla \times A = \nabla \nabla \cdot A - \nabla^2 A \tag{A·4}$$

$$\int_S \nabla \times A \cdot n \, dS = \oint_C A \cdot ds \tag{A·5}$$

$$\int_v \nabla \cdot A \, dv = \int_S A \cdot n \, dS \tag{A·6}$$

ここで，式 (A·5) を**ストークスの定理**，式 (A·6) を**ガウスの定理**とよびます．

2 ベクトルポテンシャル

磁束密度 B は任意のベクトル A_0 によって次のように表すことができます．

$$B = \nabla \times A_0 \tag{A·7}$$

ここで式 (A·3) を利用すると次の関係式が成り立ちます．

$$\nabla \cdot B = \nabla \cdot \nabla \times A_0 = 0 \tag{A·8}$$

したがって，式 (A·7) で表された磁束密度はガウスの定理，式 (6·14) を満足します．さらに，式 (A·2) からベクトル A_0 に $\nabla \varphi$ を加えたものを新たに A として $B = \nabla \times A$ と表してもガウスの定理は成り立ちます．このベクトル A をベクトルポテンシャルとよび，次式で表されます．

$$A = A_0 + \nabla \varphi \tag{A·9}$$

次に式 (4·38) のアンペアの法則から，媒質の透磁率を μ として次式が得られます．

$$\nabla \times B = \mu J \tag{A·10}$$

式 (A·10) に式 (A·9) を代入し，ベクトル公式 (A·4) を用いて整理すると次式が得られます．

$$\nabla \times (\nabla \times \boldsymbol{A}) = \mu \boldsymbol{J}$$

$$\nabla(\nabla \cdot \boldsymbol{A}) - \nabla^2 \boldsymbol{A} = \mu \boldsymbol{J} \tag{A·11}$$

ここで，ベクトルポテンシャル $\boldsymbol{A}$ は任意のベクトル $\boldsymbol{A}_0$ と任意のスカラー関数 φ のこう配 $\nabla\varphi$ の和として表されているので，$\boldsymbol{A}_0$ と $\nabla\varphi$ を式 (A·11) の左辺第1項が 0 となるように定めると次式が得られます．

$$\nabla \cdot \boldsymbol{A} = 0, \ \nabla \cdot (\boldsymbol{A}_0 + \nabla\varphi) = 0, \ \nabla \cdot \boldsymbol{A}_0 = -\nabla^2 \varphi \tag{A·12}$$

ベクトルポテンシャルとして式 (A·12) の条件を満足すれば，ベクトルポテンシャルに対する式 (A·11) の方程式は次のようになります．

$$\nabla^2 \boldsymbol{A} = -\mu \boldsymbol{J} \tag{A·13}$$

式 (A·13) を (x, y, z) 座標系で成分表示すると，

$$\nabla^2 A_x = -\mu J_x, \ \nabla^2 A_y = -\mu J_y, \ \nabla^2 A_z = -\mu J_z \tag{A·14}$$

となります．式 (A·14) はポアソンの方程式と同じ形であり，式 (1·53) の解が点電荷による電位であるので係数を対応させれば，J_i $(i = x, y, z)$ を小素子とみなして，ベクトルポテンシャルの各成分は，次のように求められます．

$$A_i = \frac{\mu J_i}{4\pi r} \tag{A·15}$$

したがって，電流がある体積内 v に分布しているときには，微小素子の足し合わせとして，ベクトルポテンシャルが次のように与えられます．

$$A_i = \frac{\mu}{4\pi} \int_v \frac{J_i}{r} dv \tag{A·16}$$

式 (A·16) をベクトル表示すれば次式が得られ，電流の分布からベクトルポテンシャルが求められます．

$$\boldsymbol{A} = \frac{\mu}{4\pi} \int_v \frac{\boldsymbol{J}}{r} dv \tag{A·17}$$

このようにして求められたベクトルポテンシャルから磁束密度を次式より計算することが可能となります．

$$\boldsymbol{B} = \nabla \times \boldsymbol{A} \tag{A·18}$$

ここで電流は導線のような線状導体を流れているとすれば，電流を I として，導線がループ C を形成するとき式 (A·17) は次のように表されます．

$$\boldsymbol{A} = \frac{\mu I}{4\pi} \oint_c \frac{\boldsymbol{ds}}{r} \tag{A·19}$$

なお，$\boldsymbol{ds}$ はループに沿った微小ベクトルです．

3 ノイマンの公式

図 **A・1** に示すようなループ C の自己インダクタンスを求めるためには，ループ C で囲まれた面 S を通過する全磁束 Φ を計算する必要があります．ここで，磁束密度がベクトルポテンシャルで表されることから，ベクトル公式（A・5）を利用して，

$$\Phi = \int_S \boldsymbol{B} \cdot \boldsymbol{n} dS = \int_S \nabla \times \boldsymbol{A} \cdot \boldsymbol{n} dS$$
$$= \oint_C \boldsymbol{A} \cdot \boldsymbol{ds} \tag{A・20}$$

となります．ここで，ループ C 上を電流 I が流れているとき，この電流によって生じるベクトルポテンシャルは式（A・19）で求められます．すなわち，

$$\boldsymbol{A} = \frac{\mu I}{4\pi} \oint_C \frac{\boldsymbol{ds'}}{r} \tag{A・21}$$

となります．ここで式（A・21）の微小ベクトルを $\boldsymbol{ds'}$ としているのは，式（A・20）の微小ベクトル $\boldsymbol{ds}$ と区別するためです．式（A・21）を式（A・20）に代入して，次式が得られます．

$$\Phi = \frac{\mu I}{4\pi} \oint_C \oint_C \frac{\boldsymbol{ds'} \cdot \boldsymbol{ds}}{r} \tag{A・22}$$

ここで，r は図 A・1 に示すように $\boldsymbol{ds}$ と $\boldsymbol{ds'}$ の間の距離です．

自己インダクタンスの定義から，ループの自己インダクタンスが次のように求められます．

$$L = \frac{\Phi}{I} = \frac{\mu}{4\pi} \oint_C \oint_C \frac{\boldsymbol{ds'} \cdot \boldsymbol{ds}}{r} \tag{A・23}$$

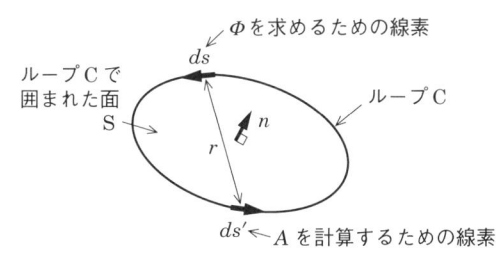

図 A・1 ループ C と線素

式（A·23）はループの形状のみに依存する計算であり，自己インダクタンスは電流の流れている経路の形状によって決定されます．なお，式（A·23）を**ノイマンの公式**とよびます．

　次に図 **A·2** に示すように二つの電流ループがあるときの相互インダクタンスを求めます．ループ C_1 を流れる電流 I_1 によってループ C_2 内につくられる磁束 Φ_{21} は，式（A·24）の微小ベクトルを次のように置き換えて求められます．

$$\Phi_{21} = \frac{\mu I_1}{4\pi} \oint_{C_2} \oint_{C_1} \frac{d\boldsymbol{s}_1 \cdot d\boldsymbol{s}_2}{r} \tag{A·24}$$

以上よりループ間の相互インダクタンスが次式で求められます．

$$M = \frac{\Phi_{21}}{I_1} = \frac{\mu}{4\pi} \oint_{C_2} \oint_{C_1} \frac{d\boldsymbol{s}_1 \cdot d\boldsymbol{s}_2}{r} \tag{A·25}$$

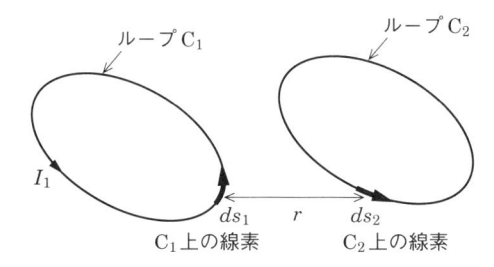

図 **A·2** ｜ ループ C_1 とループ C_2

練習問題解答・解説

▶1章

【1】 式 (1·2) に $Q_1=Q_2=1$, $\varepsilon_0=8.854\times 10^{-12}$ を代入して $F=9.0\times 10^9$ N

【2】 式 (1·9) に $Q_1=10^{-6}$, $\varepsilon_0=8.854\times 10^{-12}$ を代入して $N=1.1\times 10^5$ 本

【3】 式 (1·30) に $Q=1.6\times 10^{-19}$, $\varepsilon_0=8.854\times 10^{-12}$, $r=5\times 10^{-11}$ を代入して $V=28.8$ V

【4】 x で電界 E は式 (1·4) より

$$E=\frac{+2}{4\pi\varepsilon_0(x+1)^2}+\frac{-1}{4\pi\varepsilon_0(x-2)^2}$$

$$=\frac{1}{4\pi\varepsilon_0}\left\{\frac{2}{(x+1)^2}-\frac{1}{(x-2)^2}\right\}$$

$E=0$ となるのは上式の $\{\ \}=0$ を解けばよいので

$$2(x-2)^2-(x+1)^2=0 \to x^2-10x+7=0$$

よって

$$x=5\pm\sqrt{18}=9.24,\ 0.76$$

$x>2$ を満足するのは $x=9.24$ m

【5】 A では B, C 方向に力が働く辺 BC に平行な力の成分は打ち消し合って生じません。鉛直方向の力 f_A は

$$f_A=\frac{1}{4\pi\varepsilon_0\times 1^2}\times\cos 30°\times 2=\frac{1}{2\pi\varepsilon_0}\cdot\frac{\sqrt{3}}{2}$$

$$=1.56\times 10^{10}\text{ N}$$

ここで B, C の二つの電荷の電子として 2 倍しています。

B 点では A から f_A, C から f_C の力が働き図に示す方向の力を求めます。その大きさは

$$\frac{1}{4\pi\varepsilon_0\times 1^2}\times\cos 60°\times 2=\frac{1}{4\pi\varepsilon_0}\times\frac{1}{2}\times 2=8.99\times 10^9\text{ N}$$

C 点も B 点と同様に求められます。

【6】 電子に働くクーロン力 F は静止したときの路線を x [m] とおくと

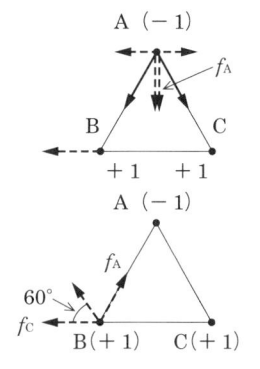

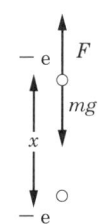

$$F = \frac{e^2}{4\pi\varepsilon_0 x^2}$$

この力が電子に働く重力 mg と等しくなればよいので

$$\frac{e^2}{4\pi\varepsilon_0 x^2} = mg, \quad x = \frac{e}{\sqrt{4\pi\varepsilon_0 mg}} = 5.08\,\mathrm{m}$$

【7】 Q による A 点の電位は $\frac{Q}{4\pi\varepsilon_0\sqrt{2}}$、B 点に Q' の電荷を置いたときの A 点での電位は $\frac{Q'}{4\pi\varepsilon_0\times 1}$ となるので A 点の電位を 0 とするための条件は次のようになります．

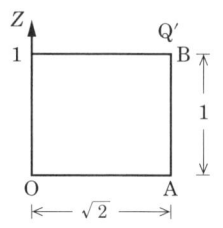

$$\frac{Q}{4\pi\varepsilon_0\sqrt{2}} + \frac{Q'}{4\pi\varepsilon_0\times 1} = 0, \quad Q' = -\frac{Q}{\sqrt{2}}$$

【8】 A → B までの仕事は AB 間の電位差 V_{BA}、また B → C での仕事は V_{CB} なので、A → B → C の仕事は各点の絶対電位を求めて $V_{BA} + V_{CB} = V_B - V_A + V_C - V_B = V_C - V_A$ となります．

したがって原点にある 4 C の電荷の C と A の絶対電位を求めます．

$$V_C = \frac{4}{4\pi\varepsilon_0\sqrt{2^2+3^2}} = \frac{4}{4\pi\varepsilon_1\sqrt{13}}, \quad V_A = \frac{4}{4\pi\varepsilon_0\times 4}$$

以上より A → B → C の仕事は

$$V_C - V_A = \frac{4}{4\pi\varepsilon_0}\left(\frac{1}{\sqrt{13}} - \frac{1}{4}\right) = 9.83\times 10^8\,\mathrm{J/C}$$

となります．1 C の電位正電荷に対する仕事なので、求める仕事は次のようになります．

$$9.83\times 10^8 \times 1 = 9.83\times 10^8\,\mathrm{J}$$

2 章

【1】 式 (2・29) より，

$$C = 4\pi\varepsilon_0 a = 4\pi\times 8.854\times 10^{-12}\times 1 = 1.11\times 10^{-10}\,\mathrm{F} = 111\,\mathrm{pF}$$

静電容量の単位としては〔F〕は大きすぎるので，$10^{-6}\,\mathrm{F} = \mu\mathrm{F}$（マイクロファラッド），また，$10^{-12}\,\mathrm{F} = \mathrm{pF}$（ピコファラッド）が用いられます．

【2】 式 (2・33) より，

$$C = \frac{\varepsilon_0 S}{d} = \frac{8.854 \times 10^{-12} \times 1^2}{10^{-3}} = 8.854 \times 10^{-9}\,\mathrm{F} = 0.008854\,\mu\mathrm{F}$$

【3】 式 (2·48)〜(2·51) と，式 (2·54)〜(2·56) に与えられた数値を代入して以下の結果が得られます．

$$p_{11} = 7.49 \times 10^{10}\,[1/\mathrm{F}], \quad p_{12} = p_{21} = p_{22} = 3.0 \times 10^{10}\,[1/\mathrm{F}]$$

$$q_{11} = -q_{12} = -q_{21} = 2.23 \times 10^{-11}\,\mathrm{F}, \quad q_{22} = 5.56 \times 10^{-11}\,\mathrm{F}$$

【4】 平板間では $+\sigma$ の電荷によって式 (2·4) より $E_+ = \dfrac{\sigma}{2\varepsilon_0}$ と $E_1 = \dfrac{\sigma}{2\varepsilon_0}$ が同一方向なので $0 < Z < d$ では $\dfrac{\sigma}{\varepsilon_0}$，$d > 0$ では E_+ のみ存在するので $\dfrac{\sigma}{2\varepsilon_0}$，したがって電位は $\dfrac{\sigma}{\varepsilon_0} Z\,(0 < Z < d)$，$\dfrac{\sigma}{2\varepsilon_0} Z\,(Z > d)$ [V]

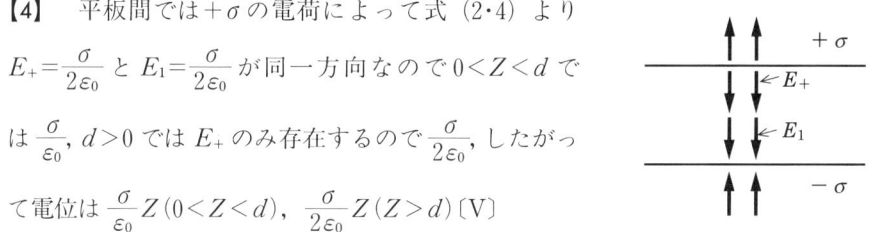

【5】 式 (2·11) より円柱内容の電界が求められているので，$\rho < a$ の電位は

$$V = -\int_a^\rho E_\rho d\rho = -\int_a^\rho \frac{q\rho}{2\pi\varepsilon_0 a^2} = \frac{q}{2\pi\varepsilon_0 a^2}\left[-\frac{\rho^2}{2}\right]_a^\rho = \frac{q}{4\pi\varepsilon_0}\left(1 - \frac{\rho^2}{a^2}\right) [\mathrm{V}]$$

となります．

【6】 球の半径を a として表面での電荷密度

$$\sigma = \frac{1}{4\pi a^2} = \frac{1}{4\pi \times 1^2} = 7.95 \times 10^{-2}\,\mathrm{C/m^2}$$

となり，表面の電界 E は

$$E = \frac{1}{4\pi\varepsilon_0 \times 1^2} = 8.98 \times 10^9\,\mathrm{V/m}$$

となります．表面での電荷密度を $\sigma/2 + \sigma/2$ と二つに分けて考えてみます．$\sigma/2$ の電荷が球の内外に電界をつくると考えれば残りの $\sigma/2$ が内部電界を打ち消していると考えることができます．したがって表面に働く力の大きさは

$$\frac{\sigma}{2} \times E = 3.6 \times 10^8\,\mathrm{N/m^2}$$

となります．

【7】 式 (2·66) において $2h \to d$ として線の間隔が 2 倍になったものと同じなので容量は半分となります．

$$C = \frac{\pi\varepsilon_0}{\ln\left(\dfrac{d-a}{a}\right)}$$

$a = 0.5 \times 10^{-3}$ m,$d = 0.01$ m を代入すると,$C = 9.45 \times 10^{-12}$ F/m $= 9.45$ pF/m

【8】 二つの導体に $\pm Q$ 〔C〕を与えたとき容量係数を用いて表すと($p_{12} = p_{21}$ を利用)

$$\begin{pmatrix} V_1 \\ V_2 \end{pmatrix} = \begin{pmatrix} p_{11} & p_{12} \\ p_{12} & p_{22} \end{pmatrix} \begin{pmatrix} +Q \\ -Q \end{pmatrix}$$

よって二つの導体間の電位差は

$$V_1 - V_2 = (p_{11} - p_{12})Q - (p_{12} - p_{22})Q$$
$$= (p_{11} - 2p_{12} + p_{22})Q$$

となり,容量 C は

$$C = \frac{Q}{V_1 - V_2} = \frac{1}{p_{11} - 2p_{12} + p_{22}}$$

となります.

二つの導体に $\pm Q$ 〔C〕を与えたとき容量係数を用いて表すと($q_{21} = q_{12}$ とおく)

$$\begin{pmatrix} +Q \\ -Q \end{pmatrix} = \begin{pmatrix} q_{11} & q_{12} \\ q_{12} & q_{22} \end{pmatrix} \begin{pmatrix} V_1 \\ V_2 \end{pmatrix} \rightarrow \begin{pmatrix} V_1 \\ V_2 \end{pmatrix} = \begin{pmatrix} q_{11} & q_{12} \\ q_{12} & q_{22} \end{pmatrix}^{-1} \begin{pmatrix} +Q \\ -Q \end{pmatrix}$$
$$= \frac{1}{q_{11}q_{22} - q_{12}^2} \begin{pmatrix} q_{22} & -q_{12} \\ -q_{12} & q_{11} \end{pmatrix} \begin{pmatrix} +Q \\ -Q \end{pmatrix}$$

となります.したがって導体間の電位差は

$$V_1 - V_2 = \frac{q_{22} + q_{12} - (-q_{12} - q_{11})}{q_{11}q_{22} - q_{12}^2}Q = \frac{q_{11} + 2q_{12} + q_{22}}{q_{11}q_{22} - q_{12}^2}Q$$

となります.以上より容量 C は

$$C = \frac{Q}{V_1 - V_2} = \frac{q_{11}q_{22} - q_{12}^2}{q_{11} + 2q_{12} + q_{22}}$$

となります.

▶ 3章

【1】 ギャップと電界が平行なとき,境界面に平行な電界成分が連続であることからギャップ内の電界は誘電体内と等しくなります.

$$E_d = E_o$$

次に,誘電体中の電界がギャップに対して垂直なとき,電束密度の境界面に対する法線成分が連続であることから,

$$\varepsilon_0 E_o = \varepsilon_r \varepsilon_0 E_d, \qquad E_o = \varepsilon_r E_d$$

となり，ギャップ中での電界は，誘電体中の電界の ε_r 倍だけ強くなることがわかります．

【2】 誘電体を挿入する以前の容量を C 〔F〕とすれば，誘電体部分の容量は $2 \times 3C = 6C$，また誘電体の挿入されていない部分の容量は厚さが半分になるので $2C$ となります．このときのコンデンサの容量 C' は二つのコンデンサの直列接続とみなして求められ，

$$C' = \frac{1}{\dfrac{1}{2C} + \dfrac{1}{6C}} = \frac{6}{4}C = 1.5C$$

となり，誘電体を入れる前の 1.5 倍となります．

【3】 式 (3・9) より分極電荷密度は $P = \varepsilon_0(\varepsilon_r - 1)E_d$ となります．ここに $\varepsilon_0 = 8.854 \times 10^{-12}$，$\varepsilon_r = 5$，$E_d = 1\,\mathrm{kV/cm} = \dfrac{1 \times 10^3}{10^{-2}} = 1 \times 10^5\,\mathrm{V/m}$ を代入して

$$P = 8.854 \times 10^{-12} \times 4 \times 1 \times 10^5 = 3.54 \times 10^{-6}\,\mathrm{C/m^2}$$

となります．

【4】 内側のコンデンサの容量は式 (2・33) より $\dfrac{\pi \varepsilon_1 b^2}{d}$，外側は $\dfrac{\pi \varepsilon_2}{d}(a^2 - b^2)$ となります．

全体の容量は二つのコンデンサの並列接続とみなせるので求める容量は次のようになります．

$$\frac{\pi}{d}\{\varepsilon_1 b^2 + \varepsilon_2(a^2 - b^2)\}$$

【5】 内側のコンデンサの容量は式 (2・38) より $c_1 = \dfrac{4\pi\varepsilon_1}{\dfrac{1}{a} - \dfrac{1}{c}}$，外側は $c_2 = \dfrac{4\pi\varepsilon_2}{\dfrac{1}{c} - \dfrac{1}{b}}$ となります．

全体の容量は二つのコンデンサの直列接続とみなせるので，求める容量は次のようになります．

$$\frac{1}{\dfrac{1}{c_1} + \dfrac{1}{c_2}} = \frac{4\pi}{\dfrac{1}{\varepsilon_1}\left(\dfrac{1}{a} - \dfrac{1}{c}\right) + \dfrac{1}{\varepsilon_2}\left(\dfrac{1}{c} - \dfrac{1}{b}\right)}$$

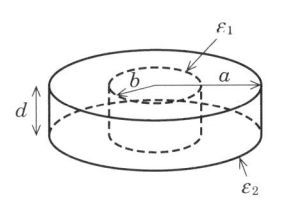

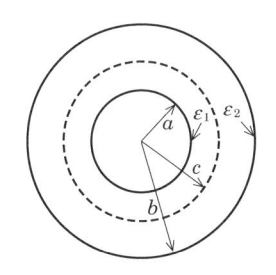

【6】 式 (2・35) において $\varepsilon_0 \to \varepsilon$ とおきかえれば，単位長さあたりの容量 C は

$$C = \frac{2\pi\varepsilon}{\ln(b/a)} \, [\text{F/m}]$$

となり，$b/a = 3.6$　$\varepsilon = \varepsilon_r \times \varepsilon_0 = 2.3 \times 8.854 \times 10^{-12}$ を代入すると

$$C = 100 \times 10^{-12} \, \text{F/m} = 100 \, \text{pF/m}$$

となります．

【7】 極板間の電界 E は

$$E = \frac{1000}{1 \times 10^{-3}} = 1 \times 10^6 \, \text{V/m}$$

となります．単位面積あたりに働く力は式 (3·59) より $\frac{1}{2}\varepsilon_0 E^2$ となるので，これに面積を乗じて力が求められます．

$$\frac{1}{2} \times 8.854 \times 10^{-12} \times (1 \times 10^6)^2 \times 2 \times 10^{-4} = 8.854 \times 10^{-4} \, \text{N}$$

▶ 4章

【1】 自由電子の電荷量は 1.6×10^{-19} C なので，1 A の電流は 1 C の電荷の移動に相当するため，$1/(1.6 \times 10^{-19}) = 6.25 \times 10^{18}$ 個の電子が断面内を通過していることに相当します．

【2】 式 (4·18) より，

$$I = 2\pi a H = 2\pi \times 0.1 \times 1 = 0.628 \, \text{A}$$

【3】 式 (4·58) より $\phi : \pi/2$ として N 回巻きなので N 倍すると次のように求められます．

$$T = NIa^2B = 500 \times 0.01 \times 0.03^2 \times 0.4 = 1.8 \times 10^{-3} \, \text{Nm}$$

【4】 方位磁石を北西に向けるためには地磁気と同じ強さで西向きの磁界をつくるように電流を流せばよいので，式 (4·12) より電流 I は次の関係を満足します．

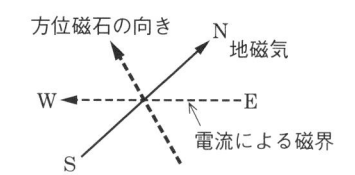

$$\frac{I}{2\pi \times 0.3} = 25 \rightarrow I = 2\pi \times 0.3 \times 25$$
$$= 47.1 \, \text{A}$$

向きはアンペアの右ねじの法則より南から北に向う方向となります．

【5】 式 (4·18) において導線の長さ L を考慮して

$$H = \int_{\theta_1}^{\pi-\theta_1} \frac{I \sin\theta}{4\pi d} d\theta = \frac{I}{4\pi d}\left[-\cos\theta\right]_{\theta_1}^{\pi-\theta_1}$$
$$= \frac{I}{2\pi d}\cos\theta_1$$

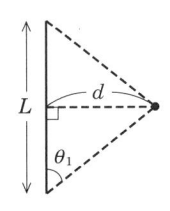

となり，ここで $\cos\theta_1 = \dfrac{\dfrac{L}{2}}{\sqrt{\left(\dfrac{L}{2}\right)^2 + d^2}}$ を利用して

$$H = \frac{I}{4\pi d}\frac{L}{\sqrt{(L/2)^2 + d^2}}$$

となります．

【6】 式（4・40）より
$$H = \frac{500 \times 2}{2\pi \times 0.2} = 796\,\mathrm{A/m}$$

となります．

【7】 フレミングの左手の法則より電子には力 $F = evB$ が働き，v による遠心力 $\dfrac{mv^2}{a}$（a は円の半径）とつり合うとき円運動をするのでその半径が求められます．

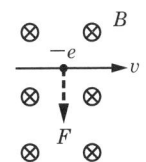

$$\frac{mv^2}{a} = evB \rightarrow a = \frac{mv}{eB}$$

【8】 式（4・61）より
$$F = \frac{\mu_0 \times (0.01)^2}{2\pi \times 0.01} = \frac{4\pi \times 10^{-7} \times 0.01^2}{2\pi \times 0.01} = 2 \times 10^{-9}\,\mathrm{N/m}$$

となります．

▶ 5章

【1】 式（5.16）より　$E_m = NBS\omega = 50 \times 0.5 \times 0.003 \times 2\pi \times 60 = 28.2\,\mathrm{V}$

【2】 式（5.34）より　$k = \dfrac{M}{\sqrt{L_1 L_2}} = \dfrac{0.04}{\sqrt{0.2 \times 0.5}} = 0.126$

【3】 式（5.67）より　$L = \dfrac{\mu_0}{\pi}\ln\dfrac{d}{a} = \dfrac{4\pi \times 10^{-7}}{\pi}\ln\dfrac{10}{0.5} = 1.2 \times 10^{-6}\,\mathrm{H/m} = 1.2\,\mu\mathrm{H/m}$

【4】 1秒間に電流を切る円板の面積は $\dfrac{1}{2}\omega a^2$ なので電流の切る磁束は $\dfrac{1}{2}\omega a^2 B$

となります．したがって，この磁束が単位時間内の変化量となり $e=\frac{1}{2}\omega a^2 B$ の大きさの起電力が発生します．このとき回路に流れる電流は次のように求められます．

$$I=\frac{e}{R}=\frac{\omega a^2 B}{2R}\;(\mathrm{A})$$

【5】 コイルを磁束中に入れたときコイルの切る磁束は $\Phi=Ba^2$ となるので，式 (5・27) よりこのときの仕事は $W=-I\Phi=-IBa^2$ となります．なお，コイルは磁束に引き込まれるので符号は負となります．

【6】 コイル中の単位長さあたりの磁束は $\Phi=\mu_0 nIS$ となります．この磁束 Φ は単位長さあたり n 回電流と鎖交するので自己インダクタンスを L とすると $n\Phi=LI$ が成り立ち $L=\mu_0 n^2 S$ と求められます．

【7】 コイルのソレノイドの中心軸方向へ射影した面積は $S\cos\varphi$ となり，中心軸上の磁束密度は $\mu_0 nI$ となります．したがって，コイルと鎖交する磁束は $\Phi=\mu_0 nIS\cos\varphi\times N_1$，ここでコイルの巻数を乗じます．式 (5・30) より相互インダクタンスが次のように求められます．

$$M=\frac{\Phi}{2}=\mu_0 nN_1 S\cos\varphi\;(\mathrm{H})$$

【8】 往復導線 A に流れる電流を I とすると，I によって往復導線 B 内の単位長さあたりにつくる磁束は，その向きに注意して，

$$\begin{aligned}\Phi&=\int_0^d\left\{\frac{\mu_0 I}{2\pi(D+x)}-\frac{\mu_0 I}{2\pi(D+d+x)}\right\}dx\times 1\\&=\frac{\mu_0 I}{2\pi}\left[\ln(D+x)-\ln(D+d+x)\right]_0^d\\&=\frac{\mu_0 I}{2\pi}\ln\frac{(D+d)^2}{D(D+2d)}\end{aligned}$$

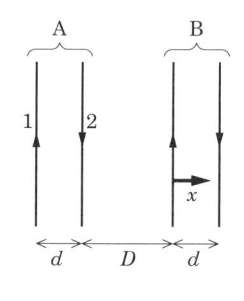

となります．したがって相互インダクタンスが次のように求められます．

$$M=\frac{\Phi}{I}=\frac{\mu_0}{2\pi}\ln\frac{(D+d)^2}{D(D+2d)}\;(\mathrm{H/m})$$

▶ 6章

【1】 式 (6・3)～(6・6) より　$B=\mu_r\mu_0 H=10^3\times 4\pi\times 10^{-7}\times 200=0.25\;\mathrm{T}$

$$\chi=\mu_r-1=999, \qquad M=\chi H=999\times 200=2\times 10^5\,\mathrm{A/m}$$

【2】 式（6・31）より $F=\dfrac{1\times 1}{4\pi\mu_0\times 1^2}=6.33\times 10^4\,\mathrm{N}$

この力は $6.45\times 10^3\,\mathrm{kg}$ に相当するが，±1C の電荷間に働く力は，この力の 14 万倍です．

【3】 式（6・41），（6・42）より

$$R_m=\dfrac{l_1}{\mu_r\mu_0 S}\left(1+\dfrac{l_2}{l_1}\mu_r\right)=\dfrac{0.5}{1\,000\times 4\pi\times 10^{-7}\times 0.001}\left(1+\dfrac{0.005}{0.5}\times 1\,000\right)$$
$$=4.37\times 10^6\,\mathrm{A/Wb}$$

$$\Phi=\dfrac{NI}{R_m}=\dfrac{500\times 2}{4.37\times 10^6}=2.28\times 10^{-4}\,\mathrm{Wb}$$

【4】 図6・17 は図のような等価回路に置き換えられます．各磁気抵抗は式（6・37）より

$$R_{m1}=\dfrac{l_1}{\mu S},\quad R_{m2}=\dfrac{l_2}{\mu S},\quad R_{m3}=\dfrac{l_3}{\mu S}$$

となり，回路に流れる磁束 Φ は次のようになるので

$$\Phi=\dfrac{NI}{R_{m1}+\dfrac{R_{m2}R_{m3}}{R_{m2}+R_{m3}}}$$

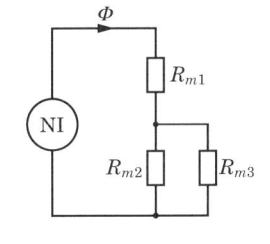

A, B での磁束 Φ_A, Φ_B は以下のように求められます．

$$\Phi_A=\Phi\dfrac{R_{m3}}{R_{m2}+R_{m3}}=\dfrac{NIR_{m3}}{R_{m1}(R_{m2}+R_{m3})+R_{m2}R_{m3}}=\dfrac{\mu SNIl_3}{l_1(l_2+l_3)+l_2l_3}$$

$$\Phi_B=\Phi\dfrac{R_{m2}}{R_{m2}+R_{m3}}=\dfrac{NIR_{m2}}{R_{m1}(R_{m2}+R_{m3})+R_{m2}R_{m3}}=\dfrac{\mu SNIl_2}{l_1(l_2+l_3)+l_2l_3}$$

【5】 端部に働く力の大きさは式（6・30）より $m\dfrac{B}{\mu_0}$，磁束を回転させる力の成分は $m\dfrac{B}{\mu_0}\cos\theta$ となるのでトルクは次のように求められます．

$$ml\dfrac{B}{\mu_0}\cos\theta$$

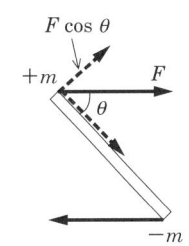

【6】 1章の電気双極子を参考にしてP点での磁位は式（1・41）より

$$U=\dfrac{ml\cos\theta}{4\pi\mu_0 r^2}$$

となります．したがって H_r と H_θ 成分は式（1・46），（1・47）を利用して以下のよ

うに求められます.
$$H_r = -\frac{\partial v}{\partial r} = \frac{ml\cos\theta}{2\pi\mu_0 r^3}, \quad H_\theta = -\frac{\partial v}{r\partial\theta} = \frac{ml\sin\theta}{4\pi\mu_0 r^3}$$

【7】 一様な磁界 H の中に半径 a, 比透磁率 μ_r の磁性体球をおいたとき,球の外部と内部を別々のモデルで考えます. 外部を考えるときには(b)のように内部に前問で用いた微小な磁石があるものとすれば,その r, θ 成分に一様の磁界の成分を加えて

r 成分 $\quad \dfrac{ml\cos\theta}{2\pi\mu_0 a^3} + H\cos\theta$

θ 成分 $\quad \dfrac{ml\sin\theta}{4\pi\mu_0 a^3} - H\sin\theta$

内部の磁界は一様な磁界 H' とおくと r, θ 成分は

r 成分: $H'\cos\theta$, θ 成分: $-H'\sin\theta$

となります. 球の表面での境界条件は磁界の接線成分 H_θ が連続, また, 磁束の法線成分 D_r が連続となるので

$$-H'\sin\theta = \frac{ml\sin\theta}{4\pi\mu_0 a^3} - H\sin\theta$$

$$\mu_r\mu_0 H'\cos\theta = \mu_0\frac{ml\cos\theta}{2\pi\mu_0 a^3} + \mu_0 H\cos\theta$$

となり, 上式を解くと

$$ml = 4\pi a^3 \frac{\mu_r - 1}{\mu_r + 2}\mu_0 H, \quad H' = \frac{3}{2+\mu_r}H$$

となります.

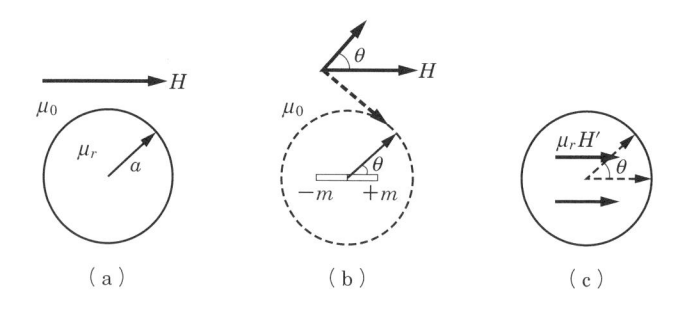

(a) (b) (c)

【8】 図6・20を磁気回路を用いて表し, 回路の磁束を求めます.

$$R_{m1} = \frac{l_1}{\mu_r\mu_0 S}, \quad R_{mg} = \frac{\delta}{\mu_0 S}, \quad R_{m2} = \frac{l_2}{\mu_r\mu_0 S}$$

$$\Phi = \frac{NI}{R_{m1}+2R_{mg}+R_{m2}} = \frac{NI\mu_r\mu_0 S}{l_1+l_2+2\mu_r\delta}$$

AB 間に働く力は式 (6·46) を用い，図 6·20 ではギャップが 2 箇所あることに注意して計算できます．

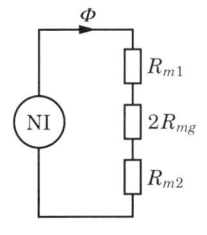

$$2fS = \left(\frac{1}{\mu_0} - \frac{1}{\mu_r\mu_0}\right)\left(\frac{\Phi}{S}\right)^2 S = \frac{1}{\mu_r\mu_0}(\mu_r-1)\frac{(NI\mu_r\mu_0)^2}{(l_1+l_2+2\mu_r\delta)^2}S$$

$$= \mu_r\mu_0(\mu_r-1)S\cdot\left(\frac{NI}{l_1+l_2+2\mu_r\delta}\right)^2$$

▶ 7 章

【1】 電磁波の速度を c [m/s]，周波数を f [Hz] とすれば，波長 λ [m] は $\lambda = c/f$ となります．したがって，1 kHz = 1000 Hz に対して 300 km，1 MHz = 1000 kHz で 300 m，1 GHz = 1000 MHz で 30 cm です．

【2】 真空とガラスの波動インピーダンスの比は $Z_1/Z_2 = \sqrt{\varepsilon_r}$ となることから，式 (7·59) より

$$\Gamma = \frac{Z_2-Z_1}{Z_2+Z_1} = \frac{1-\dfrac{Z_1}{Z_2}}{1+\dfrac{Z_1}{Z_2}} = \frac{1-\sqrt{6}}{1+\sqrt{6}} = -0.42$$

となります．

【3】 周波数を f [Hz] として，電界は $E = 1\times\sin(2\pi ft)$ と表せるので変位電流は式 (7·6) より

$$Id = \frac{\partial}{\partial t}(\varepsilon_0 E) = 2\pi f\varepsilon_0\cos(2\pi ft)$$

となります．したがって変位電流の振幅は $2\pi f\varepsilon_0$ となります．

1 kHz では $2\pi\times 1\times 10^3\times 8.854\times 10^{-12} = 5.56\times 10^{-8}$ A/m^2

1 MHz では $2\pi\times 1\times 10^6\times 8.854\times 10^{-12} = 5.56\times 10^{-5}$ A/m^2

【4】 式 (7·40) より $\delta = \sqrt{\dfrac{2}{\omega\mu_0\sigma}} = \sqrt{\dfrac{2}{2\pi f\times 4\pi\times 10^{-7}\times 5.8\times 10^7}} = \dfrac{1}{2\pi\sqrt{f\times 5.8}}$

1 MHz では $\dfrac{1}{2\pi\sqrt{10^6\times 5.8}} = 6.6\times 10^{-5}$ m $= 66\,\mu$m

1 GHz では $\dfrac{1}{2\pi\sqrt{10^9 \times 5.8}} = 2.1 \times 10^{-6}\text{m} = 2.1\,\mu\text{m}$

【5】 二つの媒質の波動インピーダンスは式（7・57）より

$$Z_1 = \sqrt{\dfrac{\mu_1}{\varepsilon}},\quad Z_2 = \sqrt{\dfrac{\mu_2}{\varepsilon}}$$

となり，反射係数と透過係数は式（7・60）より

$$\varGamma = \dfrac{Z_2 - Z_1}{Z_2 + Z_1} = \dfrac{\sqrt{\dfrac{\mu_2}{\varepsilon}} - \sqrt{\dfrac{\mu_1}{\varepsilon}}}{\sqrt{\dfrac{\mu_2}{\varepsilon}} + \sqrt{\dfrac{\mu_1}{\varepsilon}}} = \dfrac{1 - \sqrt{\dfrac{\mu_1}{\mu_2}}}{1 + \sqrt{\dfrac{\mu_1}{\mu_2}}} = \dfrac{1 - \sqrt{\mu_r}}{1 + \sqrt{\mu_r}}$$

$$T = \dfrac{2Z_2}{Z_2 + Z_1} = \dfrac{2\sqrt{\dfrac{\mu_2}{\varepsilon}}}{\sqrt{\dfrac{\mu_2}{\varepsilon}} + \sqrt{\dfrac{\mu_1}{\varepsilon}}} = \dfrac{2}{1 + \sqrt{\dfrac{\mu_1}{\mu_2}}} = \dfrac{2}{1 + \sqrt{\mu_r}}$$

となります．

【6】 式（7・65）～（7・69）と同様にして，まず電界の境界条件は図7・8(b)より

$$E_i + E_r = E_t \cdots\cdots (\text{a})$$

となります．次に磁界の接線成分の境界条件は，各領域の波動インピーダンスと式（7・67）を用いて

$$H_i \cos\theta_i - H_r \cos\theta_r = H_t \cos\theta_t$$

$$\dfrac{E_i}{Z_1}\cos\theta_i - \dfrac{E_r}{Z_1}\cos\theta_i = \dfrac{E_t}{Z_2}\cos\theta_t \cdots\cdots (\text{b})$$

となり，(a)，(b)を連立させて解くことにより

$$\varGamma = \dfrac{E_r}{E_i} = \dfrac{-Z_1\cos\theta_t + Z_2\cos\theta_i}{Z_1\cos\theta_t + Z_2\cos\theta_i},\quad T = \dfrac{E_t}{E_i} = \dfrac{2Z_2\cos\theta_i}{Z_1\cos\theta_t + Z_2\cos\theta_i}$$

となります．

【7】 同軸ケーブルの単位長さあたりの容量は式（2・35）より

$$C = \dfrac{2\pi\varepsilon_0}{\ln(b/a)}$$

となり，単位長さあたりのインダクタンスは同軸内の磁界が式（4・43）と表されるので磁束 $\varPhi$ が求められる．

$$\varPhi = \mu_0 \int_a^b \dfrac{I}{2\pi\rho}\,d\rho = \dfrac{\mu_0 I}{2\pi}\ln\left(\dfrac{b}{a}\right)$$

したがって，インダクタンスは

$$L = \frac{\Phi}{2} = \frac{\mu_0}{2\pi} \ln\left(\frac{b}{a}\right)$$

$$Z = \sqrt{\frac{L}{C}} = \frac{\sqrt{\frac{\mu_0}{2\pi}\ln\left(\frac{b}{a}\right)}}{\frac{2\pi\varepsilon_0}{\ln\left(\frac{b}{a}\right)}} = \frac{1}{2\pi}\sqrt{\frac{\mu_0}{\varepsilon_0}}\ln\left(\frac{b}{a}\right)$$

となり，ここで $\sqrt{\mu_0/\varepsilon_0} = 120\pi$ と近似できることから次式を解けばよいことになります．

$$50 = 60\ln\left(\frac{b}{a}\right) \rightarrow \frac{b}{a} = e^{\frac{5}{6}} = 2.3$$

参考文献

1) 山田直平：電気磁気学，電気学会（1989）
2) 山口昌一郎：基礎電気磁気学，電気学会（1990）
3) 後藤尚久：電磁気学―入門コース―，昭晃堂（1968）
4) 後藤憲一，山崎修一郎：電磁気学演習，共立出版（1978）
5) 安達三郎：電磁気学，昭晃堂（1989）
6) 西巻正朗：電磁気学，培風館（1977）
7) 後藤尚久：なっとくする電磁気学，講談社（1993）
8) 後藤尚久：グラフィック電磁気学，朝倉書店（1991）

索 引

◇◆ア 行◆◇

アンペア……………………………70
アンペアの周回積分の法則………78
アンペアの右ねじの法則…………73

位相定数……………………………138
イメージ電荷………………………44
イメージ法…………………………44

影像電荷……………………………44
影像法………………………………44

オームの法則………………………71
温度係数……………………………72

◇◆カ 行◆◇

ガウスの定理…………………7, 147
拡張されたアンペアの法則………133
重ね合わせの理……………………6

起磁力………………………………124
逆起電力……………………………100
強磁性体……………………………111

クーロンの法則……………………3

結合係数……………………………101
減衰定数……………………………138

コンダクタンス……………………71
コンデンサ…………………………33

◇◆サ 行◆◇

鎖　交………………………………78
残留磁束密度………………………115

磁　界………………………………73
磁化に関するクーロンの法則……123
磁化の強さ…………………………113
磁化率………………………………113
磁気回路……………………………124
磁気抵抗……………………………124
磁気モーメント……………………112
自己インダクタンス………………99
自己減磁率…………………………114
磁性体………………………………111
磁　束………………………………84
磁束密度……………………………83
磁束密度についてのガウスの定理……118
ジーメンス…………………………71
自由電子……………………………2
ジュールの法則……………………72
常磁性体……………………………111
磁力線………………………………73
真電荷………………………………50

ストークスの定理…………………147

静電シールド………………………42
静電遮へい…………………………42

165

索　引

静電誘導 …………………………3
静電容量 …………………………33
絶縁体 ……………………………2

相互インダクタンス ……………100

◇◆タ　行◆◇

帯　電 ……………………………1

抵抗率 ……………………………70
電　位 ……………………………14
電位係数 …………………………39
電　荷 ……………………………1
電　界 ……………………………4
電気機械エネルギー変換 ………97
電気双極子 ………………………16
電気双極子モーメント …………17
電気力線 …………………………6
電磁波 ……………………………137
電磁誘導 …………………………91
電　束 ……………………………54
電束に関するガウスの定理 ……55
電束密度 …………………………54
電　波 ……………………………137
伝搬定数 ……………………138, 142
電　力 ……………………………72

透磁率 ……………………………84
同心円筒コンデンサ ……………35
同心球コンデンサ ………………36
導　体 ……………………………2
等電位面 …………………………15
導電率 ……………………………70

等方性 ……………………………55

◇◆ナ　行◆◇

ノイマンの公式 …………………150
ノイマンの法則 …………………92

◇◆ハ　行◆◇

反磁性体 …………………………111
半導体 ……………………………2

ビオ・サバールの法則 …………73
ヒステリシス損失 ………………117
ヒステリシスループ ……………116
比透磁率 …………………………113
比誘電率 …………………………52
表皮厚 ……………………………138

ファラデーの法則 ………………91
ブリュスター角 …………………145
フレミングの左手の法則 ………85
フレミングの右手の法則 ………96
分　極 ……………………………50
分極電荷 …………………………50

平行平板コンデンサ ……………34
ヘンリー …………………………99

ポアソンの方程式 ………………19
ポインティングベクトル ………139
飽和磁束密度 ……………………115
保磁力 ……………………………116

索　引

◇◆マ　行◆◇

マクスウェルの基礎方程式 ……………134
摩擦電気 ………………………………………1

面電流密度 ………………………………140

◇◆ヤ　行◆◇

誘電体 …………………………………………49
誘導起電力 ……………………………………91
誘導係数 ………………………………………39

誘導電流 ………………………………………92
容量係数 ………………………………………39

◇◆ラ　行◆◇

ラプラスの方程式 ……………………………19

レンツの法則 …………………………………92

◇◆ワ　行◆◇

ワット …………………………………………72

〈著者略歴〉
新井宏之（あらい　ひろゆき）
昭和57年　東京工業大学工学部
　　　　　電気電子工学科卒業
昭和62年　工学博士
現　　在　横浜国立大学大学院
　　　　　教授

- 本書の内容に関する質問は，オーム社出版部「（書名を明記）」係宛，書状またはFAX（03-3293-2824）にてお願いします．お受けできる質問は本書で紹介した内容に限らせていただきます．なお，電話での質問にはお答えできませんので，あらかじめご了承ください．
- 万一，落丁・乱丁の場合は，送料当社負担でお取替えいたします．当社販売管理課宛お送りください．
- 本書の一部の複写複製を希望される場合は，本書扉裏を参照してください．
  [JCOPY] ＜(社)出版者著作権管理機構　委託出版物＞

基本を学ぶ
電磁気学

平成23年9月25日　第1版第1刷発行

著　　者　新井宏之
発行者　竹生修己
発行所　株式会社　オーム社
　　　　郵便番号　101-8460
　　　　東京都千代田区神田錦町3-1
　　　　電話　03(3233)0641（代表）
　　　　URL　http://www.ohmsha.co.jp/

© 新井宏之 2011

印刷　エヌ・ピー・エス　製本　司巧社
ISBN978-4-274-21095-2　Printed in Japan

新インターユニバーシティシリーズ のご紹介

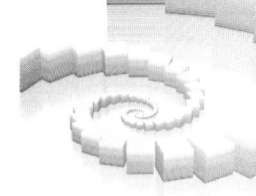

- 全体を「共通基礎」「電気エネルギー」「電子・デバイス」「通信・信号処理」「計測・制御」「情報・メディア」の6部門で構成
- 現在のカリキュラムを総合的に精査して，セメスタ制に最適な書目構成をとり，どの巻も各章1講義，全体を半期2単位の講義で終えられるよう内容を構成
- 現在の学生のレベルに合わせて，前提とする知識を並行授業科目や高校での履修課目にてらしたもの
- 実際の講義では担当教員が内容を補足しながら教えることを前提として，簡潔な表現のテキスト，わかりやすく工夫された図表でまとめたコンパクトな紙面
- 研究・教育に実績のある，経験豊かな大学教授陣による編集・執筆

電子回路
岩田 聡　編著 ■A5判・168頁

【主要目次】　電子回路の学び方／信号とデバイス／回路の働き／等価回路の考え方／小信号を増幅する／組み合わせて使う／差動信号を増幅する／電力増幅回路／負帰還増幅回路／発振回路／オペアンプ／オペアンプの実際／MOSアナログ回路

ディジタル回路
田所 嘉昭　編著 ■A5判・180頁

【主要目次】　ディジタル回路の学び方／ディジタル回路に使われる素子の働き／スイッチングする回路の性能／基本論理ゲート回路／組合せ論理回路（基礎／設計）／順序論理回路／演算回路／メモリとプログラマブルデバイス／A-D，D-A変換回路／回路設計とシミュレーション

電気・電子計測
田所 嘉昭　編著 ■A5判・168頁

【主要目次】　電気・電子計測の学び方／計測の基礎／電気計測（直流／交流）／センサの基礎を学ぼう／センサによる物理量の計測／計測値の変換／ディジタル計測制御システムの基礎／ディジタル計測制御システムの応用／電子計測器／測定値の伝送／光計測とその応用

システムと制御
早川 義一　編著 ■A5判・192頁

【主要目次】　システム制御の学び方／動的システムと状態方程式／動的システムと伝達関数／システムの周波数特性／フィードバック制御系とブロック線図／フィードバック制御系の安定解析／フィードバック制御系の過渡特性と定常特性／制御対象の同定／伝達関数を用いた制御系設計／時間領域での制御系の解析・設計／非線形システムとファジィ・ニューロ制御／制御応用例

パワーエレクトロニクス
堀 孝正　編著 ■A5判・170頁

【主要目次】　パワーエレクトロニクスの学び方／電力変換の基本回路とその応用例／電力変換回路で発生するひずみ波形の電圧，電流，電力の取扱い方／パワー半導体デバイスの基本特性／電力の変換と制御／サイリスタコンバータの原理と特性／DC-DCコンバータの原理と特性／インバータの原理と特性

電気エネルギー概論
依田 正之　編著 ■A5判・200頁

【主要目次】　電気エネルギー概論の学び方／限りあるエネルギー資源／エネルギーと環境／発電機のしくみ／熱力学と火力発電のしくみ／核エネルギーの利用／力学的エネルギーと水力発電のしくみ／化学エネルギーから電気エネルギーへの変換／光から電気エネルギーへの変換／熱エネルギーから電気エネルギーへの変換／再生可能エネルギーを用いた種々の発電システム／電気エネルギーの伝送／電気エネルギーの貯蔵

電力システム工学
大久保 仁　編著 ■A5判・208頁

【主要目次】　電力システム工学の学び方／電力システムの構成／送電・変電機器・設備の概要／送電線路の電気特性と送電容量／有効電力と無効電力の送電特性／電力システムの運用と制御／電力系統の安定性／電力システムの故障計算／過電圧とその保護・協調／電力システムにおける開閉現象／配電システム／直流送電／環境にやさしい新しい電力ネットワーク

電子デバイス
水谷 孝　編著 ■A5判・176頁

【主要目次】　電子デバイスの学び方／半導体の基礎／pn接合／バイポーラトランジスタ／pn接合を用いた複合素子／絶縁体-半導体界面／MOS型界面効果トランジスタ（MOSFET）／MOS型界面効果トランジスタの諸現象と複合素子／ショットキー接合とヘテロ接合／ショットキーゲート電界効果トランジスタと高電子移動度トランジスタ／ヘテロ接合バイポーラトランジスタ／量子効果デバイス／デバイスの集積

もっと詳しい情報をお届けできます．
※書店に商品がない場合または直接ご注文の場合も右記宛にご連絡ください．

ホームページ http://www.ohmsha.co.jp/
TEL/FAX TEL.03-3233-0643　FAX.03-3233-3440